UnRead
—
生活家

收纳全书

整理×收纳×维持，最完整的居家整理术

〔日〕文化出版局 著　游韵馨 译

北京联合出版公司
Beijing United Publishing Co.,Ltd.

目 录
CONTENTS

PART 2
提高收纳品味的时尚创意

向优雅生活的人看齐，8 大收纳 STYLE

PART 3
打造方便好用的收纳空间

PART 4
维持"整洁"的 5 大方法

收纳让生活更丰富

"好想住在干净整洁的房子里！"

可是，每天生活忙碌，

就算整理好也会立刻变乱。

家里到处都是没时间整理的物品，

觉得收纳空间不够，

或是讨厌收拾物品的人，

或许只是不知道正确的收纳方法而已。

收纳并非难事，

只要稍微注意哪些物品要收在何处，

再乱的空间都能整理得干净整齐。

另外，成功收纳的秘诀就是不急着整理，

无须追求完美，

因为每个人的收纳步调各不相同。

本书将传授许多不可不知的基本收纳方法，

以及各种养成习惯就能轻松维持整洁空间的收纳创意。

整理之后，再小的空间也会变得令人神清气爽，

让你生活得更愉快。

现在就跟着我一起动手收纳吧！

Part 1

学会收纳的基本原则

Lesson-1

收纳要从"整理"开始

整理之前要重新检视所有物品

收纳的基础，就是"整理"。将手边物品一股脑儿地塞进收纳空间之前，首先要做的，就是分类——区分出"需要"与"不需要"的物品。

小心翼翼地收拾不要的东西，根本就是在浪费时间与空间。重新检视家中所有物品，只留下真正需要的东西，这一点十分重要。

刚开始或许会觉得麻烦，但在做好这一点后，确实能够让日常的整理变得轻松简单。此外，舍弃不需要的东西之后，才能空出更多收纳空间，打造出整洁清爽的居住环境。

还在烦恼居家收纳问题的读者，就从基础的第一步——整理开始吧！

① 不急着整理

划分范围与时间慢慢整理

若是想要一次整理完所有空间，很快就会感到厌烦，因此最好能以最轻松的方法进行整理。

不要花很长的时间完成浩大的工程，而是以"今天花 15 分钟整理好第一层抽屉"的方式，设定小范围的空间限时整理，这才是聪明的做法。完成整理后就停手，绝对不多做，就能善用日常生活的零碎时间轻松完成整理，而且也能提升下次整理的动力。

整理时，请先挑出不要的东西，如此一来，纵使还没整理完时间就到了，家里也不会显得过于凌乱。

整理有限的空间，重新检视收纳物品，就能顺利完成整理工作，长久下来自然可以轻松打造出简洁空间。

锁定应收拾的物品 机械式地完成整理

遇到不同类型的东西散落各处，不知该从何收拾的情形时，不妨先锁定应该收拾的物品，设定"只收衣服""只收书籍""只收孩子的东西"等原则后，再开始整理。

只要机械式地收拾限定物品，就不会感到负担过重，加上只收拾单一空间，因此无须来回进出其他房间，简化整理步骤。

看着居住环境越来越整洁，也会让人越来越有干劲。从体积较大、相对醒目的物品开始整理，效果会更好。

收拾空间中数量最多的物品，就能获得"整理完毕"的成就感。

5秒内将物品分成3大类

整理的基础，就是将所有物品分成"需要"与"不需要"两种，且分类时必须在5秒内做出判断。在大多数情形下，只要看一眼就能决定去留，若是5秒钟内无法判断，不妨暂时归在保留区内。

讨厌整理的人一遇到无法决定的东西，就会卡在那里进退不得，让整个过程越拉越长。设立保留区不只可以避免这个问题，二加一的分类方式也很重要。可以在分类后再进一步筛选保留区的物品，重新判断去留。

准备箱子或篮子，将物品分成"需要""不需要"与"保留"3大类。

② 分类物品

家人的物品由当事人决定

如果你一个人住，自己就能决定丢不丢，若是一家人同住，千万要避免自作主张的情形发生。

通常家庭主妇在整理先生感兴趣的收藏或孩子们不玩的玩具时，都会觉得"这些东西丢了也无所谓"，但是每项物品蕴含的回忆与感情，唯有拥有者才了解，因此即使是家人，也要遵守必须由本人决定"需要"或"不需要"的整理原则。重点在于，务必让所有家人了解，他们的协助才是让居家环境干净清爽的关键。

严禁擅自处理家人的物品。必须由当事人来决定"需要"或"不需要"。

❸ 整理保留区的物品

再次决定『需要』或『不需要』

无法归类在"需要"或"不需要"的物品，可以先放在保留区里。但也不能一直放着不管，所以接下来要逐一筛选，筛选的方法就是"再用一次"。

如果是衣服，就穿出门看看。这么一来就会发现，其中多半是"再也穿不到"的旧衣物。

长期不用的各种器具也是同样的道理，用过之后就能立刻知道"需要"或"不需要"，比光看要准确。尤其是人的喜好会随年龄的增长发生改变，有些旧东西的品位还会把自己吓一大跳。若是明白地知道不会再用到，就可以干脆地丢入"不需要"的箱子里。

还是无法下决定就限期处理

用过之后还是无法决定去留的物品，可以先暂时放在身边一段时间，之后再决定"需要"或"不需要"。请注意，此时一定要设定半年或一年的期限，届时再重新检视一次。

若是期限到了还是无法做决定，不妨再延长期限，重复几次之后就能下定决心。若是遇到真的舍不得丢弃的物品，也无须强迫自己丢掉，反而要想一个可以妥善保存的方法。

这个时候是最好的"丢弃"时机

衣物类
- 尺寸不合
- 穿起来不好看
- 已经好几年没穿过

鞋子·包包
- 鞋子不合脚
- 因破损无法使用
- 长期未保养

餐具
- 有裂痕或破损
- 收在橱柜深处，早就忘记它的存在
- 不实用、没机会用

④ 用不到的物品要立刻丢掉

食品与化妆品过期就要丢掉

有些人舍不得丢掉过期的食品与化妆品，但这些过期商品都是不适合再用的物品，留在身边只是浪费空间而已。所以一旦发现过期，就要立刻丢掉。

市面上的食品都会标示食用期限，一般人不容易吃到过期食品，但化妆品、保养品类的商品就很容易忽略使用期限。一般基础保养品的使用期限是半年到一年，彩妆品无论是否开封，购买后两到三年内一定要用完。许多女性会觉得"东西没用完，丢掉很可惜"，即使过期还继续使用，如果你也是其中之一，请好好深思丢掉可惜的原因，下次购买时一定要在期限内用完。

损坏或不实用的物品请送修或回收

通常讨厌整理的人，家里一定堆满了坏掉的家电与不实用的工具。因为"修好就能用"而一直摆在身边的物品，请立刻拿去修理，若是觉得送修很麻烦，就要考虑丢掉。

此外，处理不实用的物品时，要趁着物件状态良好时送给需要的人。不是只有丢掉才"处理"，舍不得丢的东西也能通过"回收再利用"的方式发挥功能。送给用得到的人，才是珍惜物资的最佳体现。

回收再利用的形态

义卖会
以免费提供义卖物品为原则。一般来说，非营利组织、地方政府与学校都会举办义卖会。许多义卖会只接受新品或未使用过的物品，参加时请务必询问主办单位。

跳蚤市场
只要支付摊位费用，就能贩售自己不用的物品，举办时间、规模、报名费各有不同。

上网拍卖
上网拍卖的好处，就是只要配备齐全，一天二十四小时都能贩售商品。目前有许多拍卖网站可供选择，不妨先找到适合自己的拍卖网站。

二手店
专门收购闲置物品的店铺。有些店家专收衣服或书籍，也有不限商品种类的店铺，形态相当多样。即使是坏掉的物品，有些店家也会修好后再拿出来卖。

请依照用途留下必需的数量。若不加以管理，结果只会囤积一堆没用的东西。

纸袋与免洗筷只留下必需的数量

店家纸袋、买便当附赠的免洗筷——许多人因为这些东西"用得到"就越积越多。丢掉这些东西确实有点可惜，需要时又很好用，不过，若是存放的数量太多，要用时反而会不知该怎么办。

纸袋只要依尺寸大小排列，留下最低数量，需要时就能立刻拿出来用；免洗筷只要在固定地方放置一定数量，要用时也能随时找到。就像这样，事先决定好收纳的空间与容量，只要多出来就要丢掉"没人要"或"老旧"的物品。

❺ 检查家中库存

设定原则避免重复购买

很多人因为"放着也不会坏"的理由，趁打折时买了许多清洁剂、保鲜膜等日常用品，却又不知该放在哪里，便塞进壁橱深处，最后又忘了家里有存货而重复购买。相信各位都有过这样的经验，如果你也是其中一分子，一定要多加注意！

购入日常用品存放时，一定要以"能放进限定场所的限定容量"为原则。若是将日常用品固定存放在其他地方，一定要维持最低数量。只要没有特殊需求，请遵守"开一瓶才买一瓶"的补货原则。不妨配合自己的生活形态与收纳空间，构思出不浪费物品与空间的收纳方法。

决定好收纳场所与物品数量后，便要避免重复购买，才能有不浪费物品与空间的精简生活。

广告单与账单要当场分类

广告信或信用卡账单一不注意就会越积越多，建议将这类信件放在小托盘里，规定自己只留存"这个托盘放得下的数量"，亦可在玄关放置垃圾桶，看完就能当场丢掉。

需要保存的信件也要定期检查，过期就丢掉。账单也要"确认内容无误后，只留下缴费单与收据"，报税单据也是只保留到规定的年限，凡是超过年限的都要丢掉。

更新速度快的书籍时效过了就丢

对于爱书人而言，最难丢的就是书，不过以最新讯息为卖点的类别——资格考试资料、金融业相关书籍，或旅行信息、店家指南等——一旦过时就没用处，这类书籍只要超过发行日三年即可丢掉。

整理书柜时，除了要丢掉再也不会看的书之外，还可进一步细分成"常看""偶尔阅读"和"不看却想保留"的书籍。

若是这样还是无法减少书籍数量，不妨丢掉可以在图书馆借到或随时都买得到的书。在玄关放置垃圾桶，一进门就能立刻丢掉不要的东西。

⑥ 不堆积纸类文件

报纸与杂志要边剪报边阅读

报纸与杂志也是很容易囤积的纸类，很多人会基于"待会儿再看或再剪报"的想法越积越多，一回头看到堆积如山的报纸与杂志，就提不起劲处理了。遇到想要保留下来的信息，最好边阅读，边剪报。将剪贴簿或资料夹放在阅读书报的地方，就能轻松地处理。

若是做不到这一点，不妨自定一个期限——睡前或周末——定期处理。话说回来，当场处理的做法也能更有效地运用各种资讯。

7 设定纪念品的收纳原则

照片与录像带只留下适当数量即可

相信很多人都不知道该如何处理照片与录像带。无论是多重要的影像记录，若是不知道哪些回忆放在哪里，拥有再多也没用。既然是重要回忆，只要留下适当的数量即可，方便自己想看时随时拿出来看。

照片也要去粗存精，只留下喜欢的部分。遇到角度类似的照片，只留下拍得最好的那一张即可。影片也是一样，一拍完立刻剪辑，留下必要片段，养成不让数量越积越多的习惯。

孩子的作品让孩子决定去留

绘画作品既是孩子的成长记录，也是充满回忆的纪念品，同样属于很难处理的类别。处理时，一定要让孩子自己决定去留，例如：先让孩子选出"最想保留及丢掉"的作品，接着再选出"第二想保留及丢掉"的，像这样依序筛选，直到剩下收纳空间放得下的数量为止。换句话说，留下来的都是对孩子而言最重要的作品。

此外，充分运用孩子的作品装饰家里，也是很好的收纳方法之一。

收礼时要珍惜送礼者的心意

"不适合自己"的礼物也是很难处理的品类。收礼时要连同送礼者的心意一并收下，如果这份礼物是对方往后没有机会再见到的，就立刻处理掉。

从来没用过的礼品不妨卖给二手店或拿去义卖。通过"回收再利用"的方式，让需要的人充分发挥物品的价值。如果不知该丢该留，亦可设定处理期限，若到时还是无法决定，可再次延期，重复几次之后自然就能下定决心丢掉。

让孩子仔细思考哪些该留哪些该丢，自然养成整理的习惯。

Lesson-2

了解收纳的种类与方法

以实用性为前提来运用各种收纳方法

收纳大致可分成开放型的"展示收纳",以及封闭型的"隐藏收纳"。使用哪种方法视物品种类与收纳空间而定,两者即可变化出丰富的创意。

不想被看见的东西就用"隐藏收纳",喜欢的设计单品就采用"展示收纳",即使是同一类物品,也能使用不同的收纳方法,这是迈向收纳高手的第一步。

收纳时千万不能忽略实用性。虽然收得干净利落,要用时却因为塞得太满而拿不出来,或是忘记到底收到哪里了,这种情形也颇令人困扰。整理时要注重实用性,并巧妙地运用两种收纳方法,就能打造出舒适愉快的居家空间。

收纳方法可分成3类

收纳家具大致可分成柜子、抽屉与挂钩收纳架3种。柜子和挂钩收纳架是开放型以及封闭型都常用的收纳家具，抽屉则是封闭型收纳的经典家具。

餐具和书籍这类可以排列的物品，适合放在柜子里；衣物这类不想被别人看见的东西，适合放在抽屉里；厨房的调理器具等经常使用的工具或较长的用品，则适合挂在挂钩上。如此配合物品特性来选择适合的收纳家具，并确保有足够的空间，才是打造简洁空间的关键。换句话说，收纳时要同时思考该将物品藏在门后，还是活用开放型收纳，打造出色的展示空间。

从使用频率和外观造型考量收纳方法

选择适合的收纳方式时，物品的使用频率和外观造型也是一大重点。经常使用的物品一定要"好拿好收"，重在使用方便。没有门的收纳柜以及挂钩收纳架，运用的是"摆放"以及"悬挂"，只要一个动作就能收取物品，不过收纳状态毫无遮蔽，可能会给人杂乱的印象。注重居家风格的读者，请务必选择具有设计性的收纳用品。

此外，不想被别人看见的物品，只要放在有门的收纳柜及抽屉里即可，但还是要避免杂乱无章，因此最好在内部隔出夹层，方便整理。

柜子

种类丰富，可依照物品和用途选择，属于选择性较多的收纳家具。亦可配合物品长度，选择深度较深的款式。

抽屉

零碎的小东西以及不想被别人看见的物品，最适合收在抽屉里。建议先在内部做出夹层或小分格，才能避免杂乱无章。

挂钩收纳架

只要将物品挂上去就好，收取方便，也不占空间，因此最适合收纳经常使用以及长度较长的用品。

❷ 留下符合居家空间的物品数量

配合居家空间，留下刚刚好的数量

有收纳问题的人，最大的烦恼就是"家里太小""收纳空间不足"，不过，真的是这样吗？大多数的情形并非是家里太小，而是家中物品超过了居家空间可以负荷的程度。

请各位仔细思考日常生活中你会需要用到多少东西。减少目前收纳物品的数量，相信也不会造成生活不便。换句话说，真正的问题不是没有收纳场所或收纳家具不足，而是应该先弄清楚自己真正需要的物品数量，若是这样还觉得不够，再来考虑新的收纳场所。

实际测量并清点现有物品的大小与数量

好不容易空出收纳场所，却因为东西太大而放不进去，或是浪费太多空间，这样的做法是赔了夫人又折兵。思考居家收纳时，最重要的就是先了解家中物品的大小与数量，尤其在购买新的收纳家具时，一定要先做好这一点。一般来说，书籍、杂志、盘子、衣物类物品都有固定的尺寸，各位不妨现在就彻底整理，了解自己拥有多少大小不同的物品。制作清单是不错的方法，在清点过程中，还能顺便检视是否需要该项物品。

基本尺寸

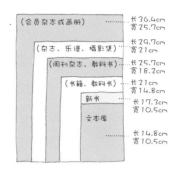

书籍・杂志
除了上述常用尺寸之外，还有宽版或特殊规格等不同种类。

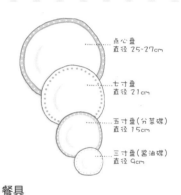

餐具
餐具柜的深度一定要配合盘子尺寸来选择。

衣物类
事先测量衣服长度，就能有效运用衣橱空间。

❸ 做到八成收纳即可

为了收取方便，收纳量请控制在七到八成

认为收纳就是要做到像拼图一样，毫不浪费任何空间才是厉害的人，请转变你的想法。所谓好的收纳就是"物品好收好拿"，也就是必须保留充裕的空间。

一般而言，将收纳率控制在七到八成以下，就很容易收取物品。第一步请先以八分满为标准收纳量，由于不同物品与收纳场所需要保留的空间都不一样，因此收纳时一定要实际取用物品，以不感到"麻烦"为基准。好收好拿的收纳场所，才是永保整洁状态的关键。

收纳场所保留充裕的空间，遇到家中临时有访客时，才能不慌不忙地迅速整理。

胡乱增加收纳场所反而会造成不便，不但使居家空间变小，还徒增不需要的物品。请以打造容易整理的居家环境为基准。

勿胡乱增加收纳家具与用品

每次东西变多就会购买收纳家具与用品的人请注意，诚如先前所说，你的首要任务是重新清点物品数量，只留下必要的物品，就无须买新的收纳家具了。

此外，因为"看起来很方便"就购买新的收纳家具，也是导致居家空间变小的主因。让自己住在挤满收纳家具，连走动都很困难的房子里，根本就是本末倒置。不要受限于"收纳术"这个名词，请将重点放在如何打造"不浪费空间又能过得轻松愉快"的生活上。请务必配合家中的必要物品与数量，选择符合需求的收纳家具与用品。

有效利用空间的收纳商品

在同一个空间里发挥创意巧思，就能瞬间提升空间收纳水平。善用不占空间又有一定容量的实用收纳品，就能实现省空间又有效率的聪明收纳！

最适合收纳文具等小物

这个收纳盒内部事先设计了小分格，可以分类收纳书桌上各种笔、剪刀等琐碎的东西。600型整理盒（W34.4cm×D24cm×H15.5cm）／D&DEPARTMENT

造型时尚的鞋盒收纳

尺寸很大，除了鞋子还能收纳书籍与光碟，又分男用和靴子专用等款式。儿童鞋盒（W24cm×D16cm×H9.5cm）、女用鞋盒（W32cm×D17cm×H10.5cm）／D&DEPARTMENT

外型小巧的回转式收纳盒

呈螺旋状开关，可轻松取用小东西的收纳盒，最适合分类存放饰品或药品。白色三层回转收纳盒（ψ10cm×H13.2cm）／TIGERCROWN

高度防湿、防虫的茶盒

杉木盒的内部紧密贴合一层锌板，具有高度防湿、防虫与防臭的效果，最适合收纳保存食品。茶盒（W24cm×D33cm×H28cm）／D&DEPARTMENT

善用深度的收纳巧思

采用阶梯式设计，可调整宽度，即使是不好使用的后方空间也变得方便取用。白色侧滑式三层收纳架（W35～68.5cm×D22.5cm×H10.7cm）／TIGERCROWN

活用死角的收纳架

只要挂在层板上，就连死角也能收纳物品，也可放着当隔层用。两用吊挂式盘子收纳架（两件组，W30.5cm×D21cm×H8.5cm）／Belle Maison

整理抽屉内部的分隔板

可配合抽屉高度选择，将多出来的部分折断即可调整长度，轻松分类抽屉内部的物品。隔板H90（五片组，W3.5cm×D9cm）／涩谷Loft

ㄇ字形折叠架

可以善用垂直的空间，是最常见的收纳用品。边缘往上翘起，可防止物品掉落，也可往上堆叠多层。FV附边堆叠架（大，W33cm×D24cm×H17cm）／天马

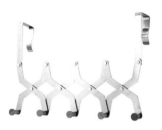

门片后方也是很好的收纳空间

可挂在门片上方的五钩设计，不用时可往中间收起，不占空间。长型门后挂钩（W10.5～54.5cm×D6.5cm×H14cm～25cm）/ TIGERCROWN

可挂 3 个衣架的门后挂钩

螺旋状设计可挂 3 个衣架，造型简单出色。螺旋型门后挂钩（W5.5cm×D10.6cm×H12.5cm）/ entrex

不用钉子即可轻松挂在柜子上

前方有直立 90 度的杆子，除了可避免物品掉落外，朝下架设时亦可吊挂抹布。L 形吊杆架（W63cm～94cm×D22.1cm×H8.5cm）/ 涩谷 Loft

活用墙面空间的吊挂式收纳架

拉出挂钩即可使用，收起时则相当美观，轻薄不占空间的尺寸也很出色。弹跳式挂钩收纳架（W50.8cm×D2.5cm×H6.9cm）/ entrex

兼具隔间和收纳功能

在区隔空间的隔板上挂上 S 形挂钩，就能打造出吊挂式的收纳空间。吊杆式展示架（W40cm×D2.5cm×H202cm～260cm）/ Belle Maison

小空间也适用的抽屉式收纳柜

尺寸小巧，可以放进洗脸台或水槽下方等容易受到水管阻碍的小空间。抽屉式的设计方便收取物品。水槽下收纳柜 U（W20cm×D43.5cm×H35cm）/ mutow

方便收取的壁挂式收纳袋

可收纳饰品、信件或暂时摆放小东西，亦可挂在壁橱或衣橱墙面，将所有小物收拾得整整齐齐。壁挂式收纳袋（W28.3cm×L61.5cm）/ 涩谷 Loft

任何缝隙都能成为收纳空间

以 1cm 为单位调整的层板与抽屉式设计十分好用，这款滑轮收纳柜可不分左右设置。厨房双向缝隙收纳柜（W10cm×D44cm×H181cm）/ dinos

利用转角空间的收纳架

房间转角是最常见的收纳死角，但这款层架位置可轻松调整的专用收纳架能增加收纳空间。转角收纳架（W90cm×D47cm×H217cm～260cm）/ Belle Maison

日用品的收纳方法

使用频率越高的物品，越需要制订整理的原则，才能聪明地收纳。

学会如何折衣服

基本折法

衣服背面朝上放。

↓

从肩线中点将袖子与部分衣身往中间折，袖口长度要对齐下摆。

↓

另一边袖子也以相同的方式折叠。

↓

从下摆往上折三折。

↓

翻到正面，调整领口与衣服的形状。

小空间折法

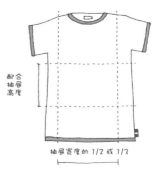

配合抽屉的宽度与深度直立收纳，收纳量会比平放更多。

↓

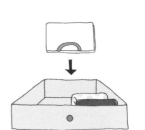

为了方便收取，折叠处要朝上（领口朝下）。

圆筒折法

两边袖子往衣服正面折。

↓

从领口往下卷。

不同单品的折叠秘诀

牛仔裤

裤头拉链朝外，纵向对折。

↓

配合收纳空间由下往上折成二折或三折。

↓

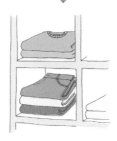

折叠处朝前收纳，以方便取用。

长裤

两边缝线居中，正面打褶的裤子要特别注意折痕。

↓

由下往上折成二折或三折。

● 吊挂
夹着裤管倒吊更能消除褶皱。

裙子·连身洋装

收纳荷叶裙时，配合抽屉或收纳柜的大小，将两边的裙摆往中间折，再由下往上折成二或三折。

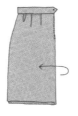

拉开拉链，拉链朝外，纵向对折，直接收纳。

衬衫

为避免领口变形，纽扣应隔一颗扣或全部扣起。

竖起 POLO 衫衣领，扣好扣子，就能维持衣领的硬挺度。

连帽外套

配合帽子的形状折成三角形。

↓

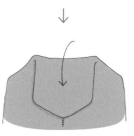

再将帽子往下折，就不会碍手碍脚。

大衣

在衣领下夹一条擦手巾可避免
领口和肩膀处变形。

↓

从大衣下摆往上折二或三折。

夹克

立起衣领可避免产生皱褶，再
解开纽扣。

↓

松松地折叠以免外套变形，直
接收纳。

细肩带
连身衬裙

对折，

↓

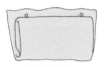

再次对折，

↓

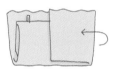

连同肩带折成三折。

袜子

两只袜子交叠折三折，

↓

反折入松紧带里，将整双袜子
包起来。

踝袜：同样将两只袜子交叠折
三折或卷起来。
长筒袜：交叠两只袜子对折两
次，折成原本长度的 1/4。

胸罩

往后对折，使罩杯重叠。

↓

配合罩杯的形状，将肩带收
在凹陷处。

丝袜

双腿重叠对折，

↓

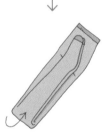

由下往上对折两次，

↓

往上卷起并反折入裤头的松紧
带里，将整双丝袜包起来。

内裤

纵向折三折。

↓

OR

对折后卷起。

四角裤

纵向对折，

↓

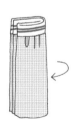

再次对折成原本的 1/4 大小。

↓

由下往上折二或三折，调整
长度。

和服·基本折法

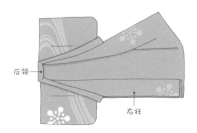

先翻开左衽，右衽沿着右侧衣身的缝线斜折，后领处往内折。

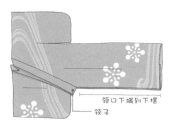

左右领口叠齐，领口末端到下摆处也要整齐交叠。

↳

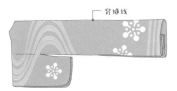

沿着背缝线将左边的衣身往右折，

↓

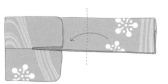

上方的袖子翻叠在衣身上，衣身由下往领口对折，盖住袖子。

↓

左右翻转后，将另一片袖子叠在衣身上。

长襦袢折法

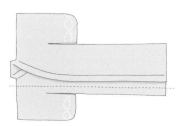

衣服翻正摊平，左衽在上。

↓

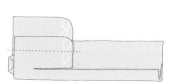

以右侧缝线为中心，将右边衣身往内折。

↳

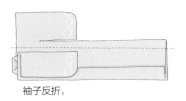

袖子反折，

↓

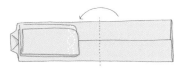

左边衣身以同样的方式折叠，为了避免松开，再从下摆往领口对折。

和服配件的保养方法

腰带

用蘸了挥发油的布轻轻擦拭（以金箔或精致材质制成的腰带除外），阴干后用熨斗烫平即可收纳。对于不容易去除的霉斑、污渍或要清洗时，请务必去专门的店里处理。

半襟

可以水洗的材质就手洗，宜平放阴干，切勿拧干。吸了汗水的纯丝布，请送到专门处理和服的干洗店以"京洗"的方式清洗，才能彻底洗净皮脂污垢。

带扬

拉平皱褶，以质地柔软的纸张包覆。经过绞染加工的带扬要直接折四折，以避免变形。

带缔、腰绳

顺好带缔的穗子，用和纸紧密卷起，折四折收纳。腰绳要折成五角形。

足袋

穿完后立刻洗净阴干，再用熨斗烫平。

草鞋

以柔软的布料擦拭污垢。皮革草鞋要以专用清洁剂清洁，连鞋带里面也要擦拭干净。

衣物保养的方法

选择衣架的重点

大衣或西装等要避免起皱或变形的衣物，最好选择具有厚度的衣架，外套则要选择宽度比垫肩小 10cm 左右，且肩膀前方微微往下弯的衣架。虽然全部使用轻薄设计或相同造型的衣架收纳效果比较好，但一般的铁丝衣架就是造成衣物变形的主因，千万不要忽略。

回家后立刻清除湿气与灰尘

衣服穿了一整天一定会沾有灰尘，因此回家后要立刻用刷子清除灰尘。刷完后再挂一下，等湿气蒸发掉后再收起来，就能避免发霉。

从干洗店将衣服拿回来后

从干洗店将衣服拿回来后，应拿掉外面的塑料袋，放在通风良好的地方阴干一阵子。这样能让干洗时用的清洗剂挥发掉，还能避免塑料袋里的湿气导致发霉、发黄与变形。

套上衣物防尘套就能避免沾灰尘

长期收纳在衣橱里的衣物，请务必套上防尘套避免沾灰尘。建议使用透气性佳的布料或不织布制成的防尘套，市售的衣物防尘套有只挂单件或多件的款式。

衣物长斑该如何处理？

衣物上的斑点越早处理越容易清除。从外面回家或是换季收纳前，请务必仔细检查衣物。此外，无法清除的斑点以及容易洗坏的高级衣物，最好交给专家处理。

清除斑点的基本方法

❶ 在斑点上滴一滴水，确认斑点的性质。水若渗入斑点里就是水溶性的；浮在斑点上就是油性的。

❷ 在衣服下方铺一块布或毛巾，以牙刷轻轻拍打，让污垢往下渗出。

❸ 再用干毛巾吸干水分，使其自然干燥即可。

斑点种类和清除方法

性质	原因	斑点清除法
水溶性	茶、咖啡、酱油、果汁、酒类	以牙刷蘸水轻轻拍打，若还是无法清除，请蘸稀释过的洗衣精拍打。
	血液	以牙刷蘸水轻轻拍打，若还是无法清除，请蘸稀释过的含氯漂白剂[1] 或含氧漂白剂拍打。
油性	粉底、口红、发油、巧克力	以牙刷直接蘸洗衣精拍打，或直接用手指搓揉清洗。
	咖喱、色拉酱汁	以牙刷直接蘸洗衣精拍打，或直接用手指搓揉清洗。亦可蘸稀释过的含氯漂白剂或含氧漂白剂拍打。
	原子笔、麦克笔、蜡笔	以牙刷蘸挥发油或蘸酒精、家用清洁剂拍打。
其他	泥水污渍	以牙刷蘸洗衣精拍打，若还是无法清除，请蘸稀释过的还原型漂白剂[2] 拍打。

※1：含氯漂白剂不能用在彩色衣物上。
※2：还原型漂白剂只能用在白色衣物上。

防虫剂要放在衣物上才能提高效果

防虫剂挥发出来的气体比一般空气重，会向下方蓄积，因此丝质或克什米尔羊毛等高级材质制成的衣服要放在防虫剂上方，棉质与化学纤维的则要放在下面。

使用收纳箱或抽屉时，可用胶带把防虫剂粘在盖子内侧或箱体上方。衣橱里的防虫剂则要等距离吊挂，即可保护所有衣物。

在高密闭性的地方放太多防虫剂，容易因饱和状态导致气体再次结晶，进而附着在衣物上；反之，若是存放太多衣物，则气体无法均匀扩散，所以一定要保留足够空间。

高级衣物放在上方

丝质 · 克什米尔羊毛
羊毛 · 安哥拉羊毛
棉质 · 麻质 · 人造丝

主要的防虫剂种类

樟脑

从天然树木（樟树）中萃取的成分，也具有防霉作用。适合用来保存和服等容易损坏的衣物。

萘

适合用于长期保存羊毛、丝质、毛皮、合成纤维、皮革制品与棉质等衣物。

对二氯苯

效果很快，味道也扩散得快，适合保存日常衣物，例如羊毛、棉质、合成纤维和木棉等。

除虫菊精类

没有味道，可与其他防虫剂一起使用。适合保存麻质、羊毛、丝质、合成纤维与皮革制品。

收纳箱的材质与特色

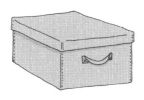

布质

重量较轻又好携带，设计性高，种类也很丰富。价格相对便宜，不过容易弄脏，湿气较重时也容易发霉。

塑胶制

最大的优点是轻盈、便宜，弄脏时可随时擦拭或洗涤。缺点是透气性差，使湿气不易排出，又不耐热且容易产生静电。

木质

透气性高又耐用，不同的木质还能呈现不同风貌。比如桐木柜不怕湿气，也有防虫效果，缺点是价格较高。

纸质 · 瓦楞纸

重量轻又好携带，具有高度的设计性。价格便宜，可统一使用纸箱收纳，打造一致的居家风格。缺点是不耐重，无法收纳较重的物品。

皮鞋

穿一休一是基本原则。为了避免变形，最好放入具有除湿、除菌和除臭效果的鞋撑。

换季时要将鞋子放在布袋或鞋盒里保存，并放入专用的除湿剂、除臭剂，存放在湿气较少的通风处。

靴子

放入长靴专用鞋撑，以撑开走路时造成的折痕，维持完美的鞋型。

吊挂式鞋撑可将靴子夹住挂在杆子上，以靴子本身的重量拉平折痕，维持鞋型，且因离地保存，还能避免湿气的侵袭。

包包

在包包里放入报纸等填充物以避免变形。配合包包的尺寸，将报纸揉成球状，再用半纸[1]或不织布覆盖报纸，避免油墨弄脏包包。

↓

用布包覆扣环或钩扣等金属配件，以避免刮伤。把手也用相同的布料包覆保护。

各种材质的保养重点

尼龙

下水洗可能导致防水涂层剥落，缝线与尼龙材质缩水，使得鞋子或包包变形，因此只要用橡皮擦擦掉污渍即可。

合成皮·塑胶

正常状态下只要用刷子刷即可，遇到严重污渍，可将毛巾弄湿再拧干后擦拭，除不掉的污渍请使用专用清洁剂。褪色部位要擦上保养乳来修护。

起毛的材质（麂皮或牛巴戈皮[2]）

以起毛材质专用刷轻轻刷掉灰尘，避免刮伤表面，并竖起躺平的毛，刷出原有造型。遇到顽固的污渍，只要使用橡皮擦擦拭干净即可。

滑面亮皮（具光泽感的表面皮革）

用刷子刷掉灰尘，去除污渍和旧的保养乳，再均匀擦上薄薄一层专用保养乳。最后用干布擦掉保养乳，就能再现光泽。

漆皮

用刷子轻轻刷掉灰尘或沙子，避免刮伤皮革，再用布蘸取漆皮专用保养乳擦拭一遍。擦拭时不要用力，用干布迅速擦拭即可。

布质

以适量中性清洁剂加水，将布鞋或布包包泡在水桶里，再用刷子刷掉污垢。顽强的污垢请先浸泡一小时左右再清洗，清洁后放在阴凉处风干。

鞣皮（未经染色或涂料加工的皮革）

由于鞣皮很容易受损，保养时一定要小心。先刷掉灰尘，再用布蘸取专用清洁乳擦上薄薄一层，并拿干布磨出光泽感，最后喷上防水喷雾即大功告成。

网状材质

使用小型刷仔细刷过缝隙清除灰尘，再用液状清洁剂去除污垢。由于网状材质容易藏污纳垢，因此一定要勤于保养。

※1：日本纸的一种，大小约 25cm×35cm。原本是由杉原纸（全纸）裁切一半而成，故称"半纸"，如今泛指尺寸与半纸接近的各种纸张。
※2：表面经微粒磨砂纸处理，带有丝绒手感的皮革。

帽子与饰品的保养和收纳方法

麦秆帽

沿着布料织纹，用刷子轻刷去除灰尘，明显的污渍请蘸水擦拭。

→

用布蘸取稀释过的中性清洁剂，擦拭容易弄脏的内侧布条，此处请务必蘸水擦拭。

→

放在通风的阴凉处风干，在帽内塞入与头型差不多大的筛子，即可避免帽子变形。

其他材质

可手洗的材质，请用稀释过的弱碱性洗衣精洗涤。毛毡或长毛皮革等，则要用刷子顺着毛的方向刷。清除皮革污渍时，请使用皮革专用清洁剂。

防止帽子变形的小秘诀

为了防止帽顶变形，请用比帽顶略高的圆筒状硬纸围起来。在硬纸和帽子之间放一张柔软的纸或海绵，就能避免帽顶出现硬纸的压痕。

→

将帽子倒放收纳，既可维持帽檐的硬挺度，还能保持美丽外观。

宝石饰品（除蛋白石以外）

在温水里倒入少量中性清洁剂稀释，放入饰品浸泡 5 ~ 10 分钟。

→

用柔软的牙刷轻轻刷过，或用棉花棒、牙签清除细部的污垢。

→

以软布或面巾纸拭干，放在阴凉处风干即可。

※ 珍珠、珊瑚、象牙、琥珀、祖母绿、蛋白石、绿松石、土耳其石、孔雀石等硬度较低的宝石或贵重宝石容易受损，请务必交由专家清洗。

其他材质

珍珠

珍珠不耐酸又容易变色，因此佩戴后要用拭镜布等软布干擦。珍珠容易刮伤，请务必与其他饰品分开保存。

银

氧化发黑时，请用牙刷蘸小苏打磨亮，亦可用市售专用清洁剂或拭银布清洁。尚未变色时，也能先用保养乳擦拭。

不要放得太满

放在饰品专用收纳盒或小型塑胶袋里，就能避免饰品受损。

寝具的保养和收纳方法

棉被的晒法

晒棉被最主要的目的就是去除湿气，避免杂菌繁殖、产生异味及预防尘螨，保持棉被的卫生。此外，棉被晒过后会恢复弹性，给人们带来优质的睡眠。

羽毛被

羽毛被具有卓越的吸湿与防湿效果，一个月晒1~2次即可，且每面只需晒一小时。基本上只要将被子放在阴凉通风处即可，如果要在太阳底下晒，建议要套着被罩或被单。平常只要开窗保持室内通风，就能维持被子的干燥。

棉质被

天气好时每周晒1~2次，每面最少晒两小时。在强烈日照下长时间曝晒会使得棉花受损，故夏季最好在早上晒棉被。铺在榻榻米上的垫被容易累积湿气，没时间晒双面时，一定要晒接触肌肤的那一面。

合成纤维被（聚脂纤维等）

由于具有透湿性，只要每周晒1~2次，在太阳下每面晒1~2小时即可维持干燥。为了避免表面材质受损，建议套着被罩或被单晒。

羊毛被

羊毛被基本上只要每周一次在太阳底下每面晒两小时。为了避免晒伤羊毛，可直接套着被罩或被单。平时的保养方法和羽毛被一样，只要开窗保持室内通风即可。

棉被的收法

收棉被时不要拍打，而是以吸尘器吸去表面灰尘，就能永保如新，延长使用寿命。一般家电量贩店都能买到棉被专用吸头，不妨多加利用。

棉被的折法

三折（一般折法）

平时用的棉被请折三折，以方便收取。

平铺

为了节省收纳空间，使用频率较低的访客用棉被一定要尽量摊平。

圆筒状

想要更节省空间，可尽量卷小一点，再以绳子或丝袜绑紧，套上布袋或旧T恤防尘即可。

折叠后卷成圆筒状

体积较大的羽毛被要挤出空气后折成三折，最后再挤压卷起，用绳子绑紧。

平常收纳的方法

先去除汗水或湿气再收起来

　　棉被的吸湿性较高，使用后请稍微放一下再收。由于通常会收在通风不良的壁橱里，因此一定要悉心维护收纳的场所。壁橱下层容易累积湿气，不妨铺上一层木板条促进空气流通。别忘了放上除湿剂，将垫被等较重的被子放在底层，再放上膨松柔软的盖被，就能维持棉被的蓬松度。收纳时一定要遵守轻的被子放在上层的收纳原则。

棉被弄脏时的处理方式

先确认标签上的洗涤方法

　　不同材质的洗涤方式都不一样，请务必先确认洗标上的洗涤方法再进行。部分污渍只要用水、温水或中性洗衣精针对局部清洗即可，若是可以手洗的材质在手洗后还是无法洗净，请务必交由洗衣店或寝具店里的专家处理。

季节家电

简单保养是延长家电使用寿命的关键

收纳时只要先做好简单的保养，就能预防故障，临时要用时也能立刻派上用场。基本的保养方法就是以软布蘸水清洁，顽强的污渍就用稀释过的中性清洁剂清洁，滤网类则可先用吸尘器吸掉灰尘。

收纳煤油暖炉时，先抽干油箱与蓄油盘里的煤油，再用布吸干剩余的煤油；加湿器与除湿器要先倒掉水箱里的水，并清洗干净；电风扇要拆下防护网和扇叶，水洗后彻底风干。

不同制造商各有建议的保养方法，请务必阅读使用说明书，依照上面的说明保养。

季节家电要用塑料袋或布包覆，收在壁橱里就能节省空间。

户外用品

养成使用后立刻清洁的习惯

户外用品使用时容易黏附泥巴或灰尘，最好养成用完立刻清洁的习惯。

帐篷和睡袋若是整个弄脏了，可以用温水稀释中性清洁剂，放入浴缸里按压清洗。用水冲干净后，放在通风良好的日荫处风干，最后再放进透气性佳的袋子里收存。

点火器之类的用品则用蘸湿的软性海绵擦拭，需要拆解清洗的某些产品，洗后一定要风干。

收纳的方法

❶ 以鸡毛掸子拍掉附着在物品上的灰尘。

❷ 以柔软的干布擦掉金属零件与涂层上的指纹。

❸ 以没有油墨的柔软纸张包覆收纳在盒子里。

❹ 为了避免物品碰撞受损，请塞入纸张隔开，并放入适量除虫剂。

节庆道具

节庆过后选个晴天收纳

女儿节的女儿节人偶，端午节的五月人偶及鲤鱼旗，这些用品都要在节庆过后尽快收好，建议选个湿气少的晴天进行收纳。收拾完毕后，最好放在阳光不直射的通风处，这样就能避免虫害的威胁。

保持良好状态的秘诀就是避免潮湿

人偶与节庆用品一旦接触到防虫剂，有可能会导致腐蚀与变形，因此最好要避免直接与防虫剂的接触。

收纳节庆用品的盒子也要避免阳光直射，并放在湿气较少的地方——壁橱或衣橱的上层保存，偶尔拿出来通风即可，不过也要避免过度干燥。

厨房用品的保养和收纳方法

餐具

以最少的步骤想出最方便取用的方法

　　收纳餐具时，一定要注意是否易于取用。首先应将餐具分成常用、宴客与特定料理专用、平时少用的餐具，并采取不同的收纳方法。

　　日常使用的餐具应放在腰到胸部视线可及的高度，以及伸手可拿到的地方。此时要注意的，是如果以堆叠的方式收纳盘子，经常使用的盘子上就不要堆叠很少使用的小碟子，否则就必须先拿开小碟子才能取用盘子，这样反而降低做家务事的效率。

餐具的基本摆放法

不同大小的盘子叠放时，要用下方的盘子就必须拿开上面的盘子，反而不容易取用。

将餐具柜塞得满满的，没有伸手的空间，也不利于收取餐具。

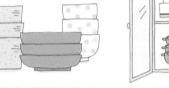

相同大小的餐具叠放，无论要拿几个都不会麻烦。

善用餐具柜的深度，垂直排列同一种餐具，横向摆放不同的餐具，使用起来会更加得心应手。

宽口碗可以碗口上下交错摆放，更能有效利用空间。

漆器·陶器

排除劣化的原因，维持漆器的美丽光泽

　　漆器要避免浸泡后再洗，洗完后要立刻用软布擦干水分，并收在阳光不会直射的地方。此外，还要避免与不同材质的餐具叠放在一起，陶瓷器更要特别小心。

珍贵的餐具或陶器要与其他材质的餐具叠放时，请在其间放一张纸或布，即可避免刮伤。

自然风干是导致陶器发霉、产生臭味的原因

　　由于陶器会吸水，因此一定要彻底擦干后再收纳。粗糙的底座在清洗与收纳时很容易刮伤其他餐具，可以先用磨砂纸磨滑顺后再使用。

锅具

清洗时要避免刮伤并充分干燥

　　土锅要放在通风良好的场所；铁锅要先洗去污垢，空烧弄干后再薄涂一层食用油。这两者都要避免使用洗碗精，也不能用研磨剂或金属刷清洁。

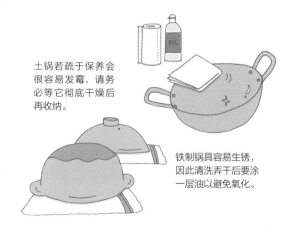

土锅若疏于保养会很容易发霉，请务必等它彻底底干燥后再收纳。

铁制锅具容易生锈，因此清洗弄干后要涂一层油以避免氧化。

食品的保存方法

蔬菜·水果

不要什么都往冰箱里放，不同季节有不同的保存方式

保存蔬果的关键，就是如何保持新鲜。很多人买蔬果回家就想要往冰箱里放，事实上有些蔬果适合常温保存。请务必了解各种蔬果的特性，以最适合的方式保存。

调味料与干燥食品

调味料与干燥食品保存时要注意预防潮湿

调味料分为适合常温保存和冷藏保存的产品，请参阅外包装或容器上的指示说明。

在空瓶或保鲜盒里放入干燥剂，就能用来存放干燥食品，密封后放在阴凉处即可。

冷藏室的保存重点

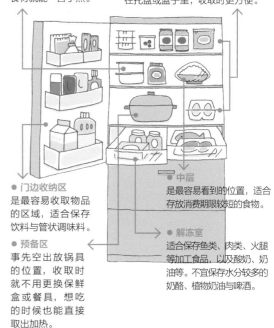

● 保鲜盒区
先确定好保鲜盒的摆放位置，还剩多少食品与食材就能一目了然。

● 上层与下层
这两层平时很容易被忽略，故宜摆放消费期限较长的食物。将食物放在托盘或篮子里，收取时更方便。

● 门边收纳区
是最容易收取物品的区域，适合保存饮料与管状调味料。

● 预备区
事先空出放锅具的位置，收取时就不用更换保鲜盒或餐具，想吃的时候也能直接取出加热。

● 中层
是最容易看到的位置，适合存放消费期限较短的食物。

● 解冻室
适合保存鱼类、肉类、火腿等加工食品，以及酸奶、奶油等。不宜保存水分较多的奶酪、植物奶油与啤酒。

食材·调味料的保存方法

蔬菜·水果		干燥食品·调味料	
芦笋	以保鲜膜包覆或放进塑料袋里，直立摆放，冷藏保存。	干香菇	开封后可菇伞朝下用微波炉加热30秒，即可维持干燥的状态。
青紫苏	以弄湿的厨房纸巾包覆，再放进透明塑料袋里，或是放入瓶子里，再倒入少许水，盖上盖子冷藏。	木耳·干瓢	保存在有干燥剂的空瓶里，置于阴凉处。开封后放入夹链袋冷藏保存。
南瓜	除了夏季，其他季节常温保存即可。已切片的南瓜请取出种子，再以保鲜膜包覆冷藏。	虾干	放入保冷袋中冷藏保存。若想延长保存期限，则可冰在冷冻室里，每次只取出需要用的量。
高丽菜	以保鲜膜包覆，菜心朝下冷藏。	辛香料	辛香料怕潮湿，最好放在密封容器里冷冻保存。
小黄瓜	以报纸包覆，放入透明塑料袋里，无须密封，可直立冷藏。	砂糖·盐	由于吸湿性较高，平常使用时请选择小一点的容器，不要倒太多。
牛蒡·芋头	未清洗的牛蒡与芋头要用报纸包覆常温保存，清洗过的则先用湿报纸包覆，再以保鲜膜包覆后直立冷藏。	酱油	生酱油以及盐分未满9%的减盐酱油，请冷藏保存。
马铃薯	以报纸包覆，放在阴凉处，夏天则放入透明塑料袋里冷藏保存。	醋	开封后保存在阴凉处。
姜	以报纸包覆，放在阴凉处。	芥末·山葵·调味醋·沙拉酱汁·味噌·蘸面酱汁	开封后冷藏保存。
芹菜	将叶子与茎部分别放入透明塑料袋里，直立冷藏。		
白萝卜·红萝卜	以报纸或保鲜膜包覆，冷藏保存。		
洋葱	以网包装，放在阴凉处。夏天或春天刚上市的新洋葱则要冷藏保存。	调味酱类	基本上为常温保存，添加大量蔬菜精华的产品则应冷藏保存。
西红柿·茄子	夏季以保鲜膜包覆，冷藏保存。西红柿蒂头要朝下摆放。	咖喱块类	开封后以保鲜膜包覆，放入夹链袋冷藏保存。
苹果	苹果会释放出乙烯气体，促进植物叶片成熟，最好不要与其他蔬菜放在一起。	美乃滋	开封后尽量挤出空气，冷藏保存。

塑料袋折叠法

将塑料袋折起来就能节省收纳空间

1
摊平挤出袋子里的空气，纵向折成宽度只有 1/4 的长条状（较小的袋子折成 1/2 或 1/3）。

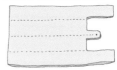

2
从底部边缘往内折成三角形。

3
最后将提带把手往内折。

照片·资料·信件的保管方法

底片·照片

粘贴式相簿比口袋式相簿更能保存照片

未使用的底片应放在通风良好的阴暗处保存，已经显像的底片则维持放在塑胶套里的状态，收纳在盒子里。打印或冲洗出来的照片一旦接触光线或空气，就会不断褪色或劣化，要是放在相簿里，有一层封套覆盖着的粘贴式相簿是最好的保存方法。值得注意的是，以家用喷墨打印机打印的照片由于相纸本身较脆弱，应选用黏着性较低的数码相机专用相簿。

电脑资料要随时整理

储存在电脑硬盘里的资料越多，电脑的负担越大，也会拖慢数据处理的速度，因此一定要随时整理档案，删除没用的资料夹。

图片与影片等较占空间的资料如果用不到就要删掉，否则就用光盘等存储载体来备份。删除的资料会丢进电脑桌面上的回收站，因此还要点选回收站的"清空回收站"选项，彻底删除多余的档案。

为了避免档案太多，拖延电脑运行的速度，请务必养成随时整理的习惯。

录像带·录音带

保存场所应避免强烈磁性

与照片一样，保存录像带和录音带时要避免接触空气以及光线。与电动手表、磁铁或带有磁性的饰品放在一起，内容资料容易受到磁性影响而损坏，一定要多加注意。此外，也要避免放在灰尘与湿气较多的地方。录像带、录音带看完或听完后要倒带，将缠有胶带的那一边朝下，直立摆放，就能维持良好状态。

数码资料

养成随时备份的习惯

存在电脑里的照片或影像资料，容易因为电脑损坏或错误的操作方法而消失，因此一定要随时刻录成光盘备份。此外，重要的照片一定要打印或冲洗出来。

光盘要放在购买时附赠的透明塑胶盒里，避开高温、高湿，并放在光线照不到的地方。在标签上写标题时，务必使用笔芯柔软的笔，以免损伤记录面。

此外，光盘分 CD-R 与 CD-RW 两种，前者只能刻录一次，后者可以重复刻录，消除旧资料或写入新资料。

信件

老旧纸张容易劣化，中性纸较容易保存

值得珍藏的重要信件不要放在罐子等密闭性较好的容器中，而是应该放在透气性较好的纸盒里，避免阳光直射，并保存在温、湿度都不会发生剧烈变化的地方。

此外，纸质又分容易劣化的酸性纸以及耐用的中性纸，1990 年之后生产的信纸以中性纸为主流。酸性纸会释放出导致纸张劣化的二氧化碳，因此为了避免二氧化碳囤积，请务必保存在通风良好处。

Part 2

提高收纳品味的时尚创意

向优雅生活的人看齐，
8 大收纳 STYLE

介绍 8 处极具实用性与悠闲感的居住空间
探访屋主的收纳风格与创意巧思

收纳技巧的原点
承袭自母亲的德国作风

料理研究家 / 门仓多仁亚小姐

利用合理的收纳方法
打造出顺畅的生活动线

以朴实的家庭料理食谱广获好评的料理研究家门仓小姐，收纳时不仅跳出现有框架，而且全部使用可以收拾整齐的收纳家具。举例来说，将客厅中最显眼的重点家具"收账柜"当成餐具柜使用，厨房的库存食材也依照用途分门别类，营造出一致性，家中随处可见令人想要立刻尝试的收纳创意。

门仓小姐的家以正统家具为表现重点，为了不影响核心风格，充分运用"隐藏收纳"的技巧，重要物品则维持随时都能取用的状态。门仓小姐表示："日常生活全家人会使用到的物品全都收在一起，这样比较不会阻碍生活动线。此外，为了避免物品越来越多，只要看到想买的东西，我都会以直觉判断是否真的需要。家里现有的物品如果已经不用了，就会送给别人或是丢掉。"

如此理智的想法，据说是受到其德国籍母亲极大的影响。门仓小姐不避讳地说："妈妈每天都在想'怎么做才能让生活更方便'，我也遗传了这个习惯。"

利用隐藏收纳技巧打造日式、西式融合的完美空间

门仓小姐常常坐在客厅的沙发上读书看报。常读的书，可以整齐地堆放在桌板之下，也很方便拿取。

客厅

母亲送的日式传统衣柜
发挥高度收纳功能

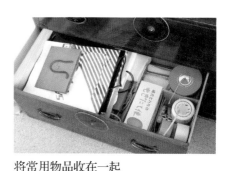

将常用物品收在一起

由于平时经常利用快递运送物品，因此将购物袋、空盒、封箱胶带、麻绳等包装材料全都收在一起。

桌布放在衣柜的大抽屉里

这个日式传统衣柜是门仓小姐的母亲在三十年前买的，两年前送给门仓小姐。由于抽屉很大，可以充分收纳桌布与餐巾等家饰布。

Data

地板面积：82 m²
格局·住宅类型：2LDK＊·租赁公寓
屋龄：10 年（居住 2 年）
家庭成员：门仓多仁亚小姐（41岁）与其先生（51岁）
＊注：数字代表房间数、L代表客厅、D代表餐厅、K代表厨房。

正中间的抽屉分类收纳餐具

善用蛋糕模型分类收纳叉子与汤匙，再铺上最衬银色的蓝色毛毡布，避免刮伤叉子与汤匙。

将同款小盘子叠在一起保留适度空间

前方物品不要叠得太高，方便取用后方的餐具。经常使用的餐具排在前方，尺寸较大但使用频率较低的餐具则收在后方。

杯子收在抽屉里，不但一目了然也方便收取

杯子大多是英国制，收在抽屉里不仅一目了然，也方便收取，抽屉的高度最适合收纳杯具了。

收纳较高的玻璃杯时要考虑实用性

打开上方拉门可以看到纵向排列的各式玻璃杯。将同款玻璃杯排成一列，能省去移动前方玻璃杯才能取用后方玻璃杯的步骤。

将原本放账单的收账柜当成餐具柜使用

古董店买来的旧式收账柜里整齐收纳了各种碗盘与餐具，且放在厨房通往餐厅的路上，十分方便取用。

餐厅

收纳餐具时注重取用需求
看起来自然就很美观

从食材、用品到锅具
全都收在木柜与滑轮收纳架里

厨房里完全看不见多余物品，常用物品都放在上方吊柜与滑轮收纳架里，创造顺畅的动线。

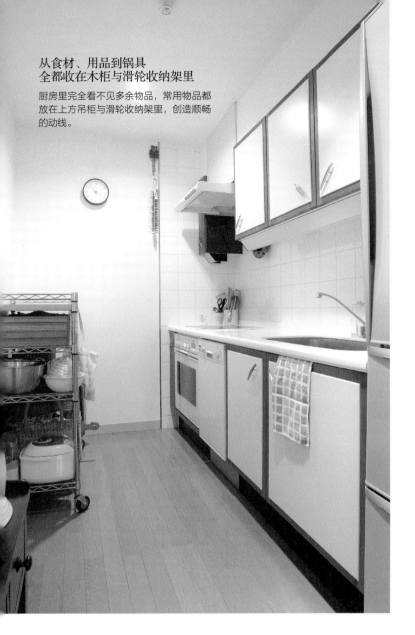

厨房

分类收纳各项食材
既好看又好拿

善用便宜的收纳容器

善用十元商店的密封容器，分类收纳调味料与干燥食品。利用旋转式收纳盘，就能轻松取出放在后排的调味料。

零碎物品收在篮子里

右边篮子里的报纸可用来包蔬菜，丢厨余时也很好用；左边篮子放的是门仓先生最爱吃的零食。

移动式收纳架方便打扫

水槽对面的滑轮收纳架里，放着平时常用的调理碗和锅具。由于底下有滑轮，打扫时可轻松移动，相当方便。

利用盒子与藤篮清爽收纳

购入可放进层架中的藤篮，透气的篮子很适合放根茎类蔬菜。记得马铃薯要先用报纸包起来，以免撞伤。

放年糕的"浅木箱"也是很实用的收纳工具

在门仓先生的家乡鹿儿岛买的"浅木箱"，是收纳保鲜膜与隔热手套的好帮手。

善用小型家具有效收纳

门仓小姐平时整理食谱与书写文章的工作区，前方书柜特地选用只有半人高的尺寸，让空间看起来更宽广。

古色古香的电视柜里
隐藏着许多美味秘宝！

门仓小姐将老家的茶柜当成电视柜，一打开拉门就能看见自制的果酱与果酒！

工作区

巧妙收纳书籍
果酱也稳坐在柜子里

玄关

充分利用玄关的收纳空间

包包要直立收纳

将玄关柜上层设为包包收纳区，可折叠的包包全都折起来，以瓦楞纸箱分隔后直立收纳，外出时很快就能拿取适合的包包。

吸尘器收在死角里

包包收纳层下方是收大衣的地方。短大衣下方产生的死角，可放入收在篮子里的吸尘器，有效利用空间。

用一目了然的透明盒收纳

利用透明盒收纳甜点模型与材料，一看就知道哪里有空间可以收纳新买的食材。

不常用的餐具收在玄关处

玄关有一个占据整面墙的木柜，利用裁好的木板增加层架，就能充分收纳料理教室上课用的餐具。

发挥高度收纳力的墙面收纳

玄关走廊的两侧都做了同天花板一样高的墙面收纳，不只创造出高度的收纳力，关上门片后看起来就很清爽，是其魅力所在。

Proffule

门仓多仁亚：毕业于伦敦蓝带厨艺学院的料理研究家，经常在电视节目与杂志专栏中分享料理食谱与空间布置的心得。著有《咖啡时光的点心》《多仁亚的德国风居家空间》《多仁亚的德国风厨房》等作品。

书籍与文件全都整齐收纳在一起

使用带门的书柜，就能避免珍贵的书籍沾染灰尘。开本较大的书要书背朝前横倒收纳，即可方便查找。

用设计简洁的文件夹归类文件

记录工作与家用支出的各式文件，用透明收纳夹分类归档。琐碎的文具物品则在盒子上贴标签后，收纳在盒子里。

巧妙运用各种收纳创意
"展示"与"隐藏"的丰富技巧令人激赏

餐厅＆生活杂货用品店老板 / 西卷真先生·彩惠小姐

以三大收纳原则为基础
实现层次十足的收纳空间

在大阪、神户地区经营意大利面餐厅与生活杂货用品店的西卷夫妻，由于工作需求，两年前重新装潢自己的家，以便存放工作所需的大量餐具、调理器具、生活杂货以及各种资料。

西卷夫妻的收纳原则只有三个，分别是："物品收纳在用得到的地方"；"视线的高处利用开放式层架，采取展示收纳技巧，其他地方用带门的收纳柜，以隐藏收纳营造整洁感"；以及"只留下设计优良又具有功能性的物品"。充分发挥店面装潢与陈列的经验、品味和技巧，巧妙运用"展示"与"隐藏"收纳，营造出层次十足的居家空间。

西卷家的客厅、餐厅与厨房经常是广告与产品目录的拍摄现场，再加上工作区也设在此处，使得这三个地点的物品相当多，因此他们采用分散收纳的技巧——将必要物品收纳在各个角落，制作大量开放式层架和收纳柜，并将换季物品与平常较少使用的东西，集中收纳在走廊的储藏室里。

厨房的布置风格看起来就像餐厅一样热闹丰富，相对于此，客厅则走简洁路线，依照各个空间的功能，采取相得益彰的收纳技巧，出色的品味令人激赏。

喜欢的杯子挂在墙上，方便每天使用

在吊柜底下钉上挂钩，配合下方瓶罐的高度、颜色与设计性，挂上 Anchor Hocking 茶杯。

收纳用具和物品都要讲究设计性

将调味料放在美国 Speck Products 收纳柜里，不只讲究调味料本身的质量，也讲究容器的设计性，展现内外兼具的品味。

善用匠心独具的美国制商品营造厨房特色

用来挂抹布的 Eames 二手吊架，以时髦设计为重点特色。不用时可以收起，相当实用。

吊柜内部隔成上下两层收纳大量餐具

具有高度收纳力的 U 形厨房里多做一个吊柜。下层吊柜采用半透明聚碳酸酯门片，减少压迫感。

墙面的开放式层架是餐具和生活杂货的展示区

配合季节，将餐厅墙面装点得华丽缤纷。可恣意欣赏花朵与生活杂货的愉快气氛，让餐厅更显热闹。

厨房与餐厅

收纳重点为"轻松做、快乐吃"
利用"展示收纳"突显厨房用具与餐具风格

善用附滑轮的木箱增加柜体下方的收纳空间

彩惠小姐把滑轮安装在红酒箱底部做成收纳箱，用来收纳锅具和保鲜盒，是厨房里最常见的收纳用品。

Data

地板面积：约 80 m²
格局·住宅类型：1LDK·社区大楼
屋龄：35 年（居住 23 年）
家庭成员：西卷真先生（61 岁）、彩惠小姐（42 岁）

Prooffile

西卷真：1977 年在神户开设意大利面餐厅 "RYU-RYU"。目前跨足多方领域，经营餐厅、咖啡馆，贩售生活杂货用品，也成立工艺廊与摄影工作室，一手包办企划制作与摄影等各项业务。著作包括《365 天，每天爱吃意大利面》等。

文件与书籍等资料
全部收在 Fellowes 纸箱里

工作用的资料与书籍收在开放式柜子里，
一整排设计简单的 Fellowes 纸箱看起来
十分清爽。

书籍与资料全部收在纸箱里

不断增加的资料与书籍就放在纸箱里。由于
这两项物品都很重，因此可以放在地上。

柜子上方收纳不常用的小东西

工作区墙面上的柜子里，收纳着各种乐器。
高处就放不常用的较小较轻的物品。

工作区

容易杂乱的工作区
也要善用盒子收纳营造整洁感

电视与音响设备
全部收在柜子里

窗户下方的附折门电视柜，
不用时可将门关起，就能
遮住电视与音响设备。

黑胶唱片机
也收在抽屉里

影音设备上方的抽屉里，收着大量的
DVD、CD、MD 等可以在客厅播放的
音乐片。就连黑胶唱片机也收在抽屉里。

客厅

黑胶唱片公开陈列在客厅里
影音设备则采用隐藏式收纳

唱片收在开放柜里
既好选又好拿

在电视柜旁做一个开放式唱片收纳柜，不只一目了然，
也便于收取。

投影布幕收在墙面后方
可以呼朋引伴开电影观赏会

在天花板做一个垂壁，将投影幕布收在墙面
后方。可以悠闲地坐在客厅的沙发上，轻松
享受电影与音乐。

**配合简单框架精心设计的
手作收纳家具**

天野小姐只请装潢公司制作水槽和玻璃隔屏，收纳部分全部一手包办。利用红酒箱与多出来的木地板，亲手打造方便实用的收纳家具。

配合空间大小设计的原创收纳
贯彻收纳的原则，创造整洁的空间

平面设计师 / 天野美保子小姐

上方抽屉收纳
小巧轻盈的物品

上层收纳小型调理器具以及保鲜盒等较轻盈的物品。在抽屉下方贴上木纹胶带，就能顺利滑动抽屉。

在红酒箱上施加巧思
就能增加收纳范围

下层收纳较重的物品。在红酒箱底部加上滑轮，就能顺利拉出下层抽屉。重叠两个红酒箱，拆掉上层箱子的底板，就是较深的抽屉，可轻松收纳较高的瓶子与用具。

采用直立或重叠技巧
以方便取用为重点

收纳锅具和平底锅的滑轮收纳柜也出自天野小姐之手。附把手的锅具直立收纳，需要时就能立刻取出。收纳时一定要保留空间，不要塞得毫无空隙。

044

**调整层架位置
活用死角空间**

这是天野小姐从单身时期就爱用的收纳柜，层板位置可以配合收纳物品的尺寸和大小调整，厨房纸巾挂在门片后方的收纳架上。

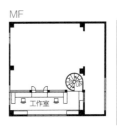

Data

地板面积：65 m²（2F）、21 m²（MF）
格局·住宅类型：2LDK·改造仓库
屋龄：20 年（居住 4 年）
家庭成员：天野美保子小姐（45岁）与其先生（44岁）

坚持采用隐藏收纳，打造专属于己的收纳空间

平面设计师天野小姐将二手仓库改造成工作室与住家，墙面与地板铺设全部委托专家负责，收纳空间则由自己包办，融入现有家具，打造简洁生活。

其收纳原则就是："不让别人看见带有生活感的物品。"喜欢做菜的她最注重厨房收纳，所有调理器具、餐具、辛香料与调味料，全都以方便取用为原则整齐收纳。天野小姐表示："我会依照各种物品的使用场所与频率分区收纳，这个做法也能让自己知道哪些东西平时不常用到。"结合利用红酒箱制成的抽屉式收纳柜以及系统家具，激发出最省力的收纳创意，任何东西都能在需要时立刻拿出来使用。

天野小姐制作收纳柜时，最注重的就是物品尺寸，所以会一一测量各项物品的大小、数量、叠放方法和排列方式。向木材行订制餐具柜半成品，精心计算放置位置、收纳物品的大小与设计性。由于早已想好各项物品的收纳位置，因此得以实现"方便整理又能有效收拾"的收纳风格。

厨房

随处可见以实用性为优先考量的收纳技巧

**收纳家具的配置
应充分考量使用场所与频率**

经常使用的调味料与调理器具收在水槽下方；最常在餐厅使用的筷子与盘子，则收在餐厅旁的柜子里。以方便使用为前提，决定物品的收纳场所。

卧室

利用家具隔间
打造无压迫感的舒眠空间

利用收纳柜隔间
既可展示收纳又省空间

通常大柜子都会靠墙摆放，天野小姐则拿来区隔空间，还能发挥展示与收纳的双重效果。除了书籍与杂志之外，还以自己喜欢的生活杂货装饰。

巧妙运用大型家具
轻松区隔出卧室空间

这款开放式收纳柜是配合旧家尺寸制作的家具，在面向卧室的那一面装上具有穿透感的百叶窗，就能轻松区隔出私人空间。

发挥创意
有效运用楼梯旁的死角

这是从二楼前往顶楼的楼梯，由于天花板上的外露梁采用H形钢筋制成，便巧妙利用钢筋凹陷处做成收纳柜，门片旁也设置了收纳柜。

善用小空间打造
趣味收纳

组合收纳柜后形成的死角，也能拿来收纳顶楼要用的蜡烛及蚊香。

楼梯

只要一点巧思
随处都能成为最好的收纳空间

不想被看见的清洁剂
收在大小适中的收纳柜里

钢筋凹陷处的高度与深度，最适合收纳不想被别人看见的清洁剂。

配合摆放场所的空间
选择适合的家具尺寸与用法

在 IKEA 购买的收纳柜，采用前倒式设计，即使是狭小空间也方便取用。

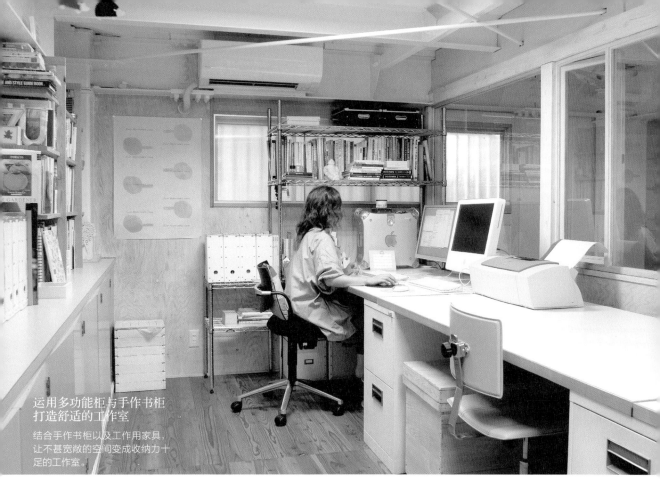

**运用多功能柜与手作书柜
打造舒适的工作室**

结合手作书柜以及工作用家具，
让不甚宽敞的空间变成收纳力十
足的工作室。

Profile

天野美保子：热爱园艺与蔬菜的平面设计师。
积极尝试种植世界各地的蔬菜，从蔬菜的美
丽外形获得设计灵感。著作包括《看起来就
好吃的各式蔬菜》《从蔬菜田到美味料理》。

**遇到障碍也能
通过巧思完美解决**

占据一整面墙的手作书柜，
空出设置对讲机的区块，灵
活运用墙面。

**用桌面下的空间
设置手作收纳柜**

为了分类收纳因工作
关系不断增加的杂志
与书籍，在桌面下亲
自打造了尺寸适中的
书柜。

**利用大型收纳箱
让琐碎文件也能
收得整洁**

文件收在透明资料夹
里，再放入较宽的大
型收纳箱，看起来既
整洁又清爽。

缝隙处钉上门片增加收纳空间

书柜旁的死角钉上门片，瞬间变身成收
纳空间。最适合收纳长形的包装纸。

工作区

**灵活运用狭小空间
打造注重功能性的工作区**

利用美观用具"展示收纳"
生活在最爱的古董用品之中

料理造型师 / 奥斯朋未奈子小姐

美观的古董用品
最适合味道十足的老房子

奥斯朋小姐与先生和三个小孩住在这栋屋龄将近四十年的中古透天厝里，除了做家事、照顾小孩之外，也兼顾料理造型师的工作，活跃于杂志与书籍领域，有空时也会接些外烩工作，生活过得相当忙碌。她表示，在忙碌生活中维持整洁环境的最大秘诀，就是巧妙运用"展示收纳"与"隐藏收纳"。

"厨房里常用的调理器具都会放在看得到的地方，要用时可以随时取用。零碎物品就收在全家团聚的客厅里，而且当天拿出来的东西，一定会在睡前收拾干净。"

从二手店或跳蚤市场买来的古董用品，是奥斯朋小姐最爱用的收纳工具。不只将澡堂的脱衣篮当洗衣篮使用，将学校用的柜子拿来收纳厨房用品，甚至还改造梯子当家具使用。

奥斯朋小姐说："以前的东西都很耐用，用起来也很顺手。"她会依照房间气氛与个人喜好，只使用白色、褐色与绿色的用品。经过严选的古董用品散发独特魅力，为居家空间增添风采。

在客厅阅读的绘本
就放在篮子里

最大的两个孩子会在客厅阅读绘本，因此把绘本直立收纳在篮子里，再将篮子放在矮椅上，方便孩子们自行取用。

Proffle

奥斯朋未奈子：2004 年成立外烩公司"NIGI-NIGI"。现为自由工作者，是一位活跃于杂志、书籍与广告界的料理造型师。
www.minako-osborne.com/

将旧饭盒
当成铅笔盒使用

古董店买的旧饭盒里，收纳着孩子们画画时用的彩色铅笔。不用时就盖上盖子，放入大小刚刚好的书架上。

客厅

刻有时光印记的旧木柜
用来收纳小型二手工具

用蜡纸袋整理拉门里的物品

孩子们玩的扑克牌等小东西，就收在一般用来放糖果的蜡纸袋里。蜡纸袋不仅耐用，看起来也很美观，是很实用的收纳用品。

遥控器放在单柄汤锅里

这是住在英国时收集的维多利亚时代古董单柄汤锅，拿来收纳遥控器。

1F　　　**2F**

Data

地板面积：58 m²
格局·住宅类型：4LDK·透天厝
屋龄：36 年（居住 3 年）
家庭成员：亚士历·奥斯朋先生（35 岁）、未奈子小姐（37 岁）、瑞奇（9 岁）、汤米（6岁）、小快（0 岁）

依用途分类收纳工具

白色架子上摆放着外烩专用容器。奥斯朋小姐喜欢使用天然容器，蔬果摊送的简易蔬果盘就是其中之一。

厨房

注重实用性与保存性
收纳原则就是适"材"适所

工作用具让空间更添个性

即使调理器具全都放在外面，厨房看起来依旧很整洁。筛子挂在窗边风干，调理器具则放在学校使用的架子上。

依材质分类直立收纳

吧台上放了许多餐具，依材质细分为木头、玻璃与金属类，就不会感觉凌乱，收拾整理时也能一鼓作气。

锅具只要展示收纳就很方便

将汤锅与平底锅等锅具收在梯子改造成的收纳架下层。"想用时可以随时拿出来用，洗完后只要放着就好，相当方便。"

利用改造家具收纳家电和锅具

收纳微波炉等家电的架子，是请家具师傅利用梯子的局部改造而成的。由于做工很扎实，可以安心摆放重物。

出门必带的物品
挂在鞋柜旁的挂钩上

墙上的吊挂式收纳架原本是幼儿园使用的物品，因为喜欢它的蓝色挂钩而购买。放入婴儿用品的妈妈包等出门必带物品，就挂在此处。

玄关

以书柜收纳鞋子
不仅通风也容易收取

将书柜当鞋柜
使用

将原本在国会议事堂用的书柜当成鞋柜。"这个书柜的大小很适合收纳鞋子，而且风格独具，我很喜欢。"

儿童房

将东西收在孩子容易整理
也容易取用的位置

孩子的衣服
收在床底下的盒子里

用 IKEA 买的衣物收纳盒收纳衣物，并放在床底下。大盒放衣服，小盒放内衣裤。

整齐摆放所有物品

将孩子最爱的玩具放在木柜里，自行车安全帽、捕虫网以及紧急逃生背包，全都挂在下方的挂钩上。

减少物品数量，方便孩子整理，就能维持整洁

将大部分玩具收在室内，让儿童房容易整理。衣服以及自行车安全帽等必要物品，收纳在可以立刻取出的地方。

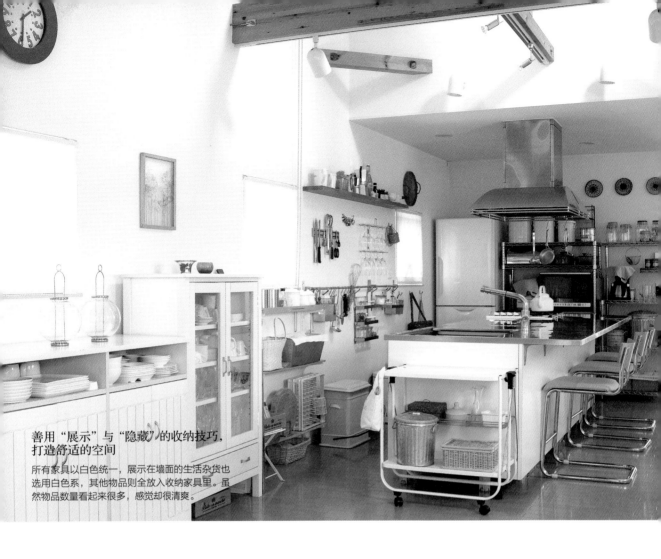

善用"展示"与"隐藏"的收纳技巧，
打造舒适的空间

所有家具以白色统一，展示在墙面的生活杂货也
选用白色系，其他物品则全放入收纳家具里。虽
然物品数量看起来很多，感觉却很清爽。

将墙面打造成收纳空间
利用摆设家具营造居家风格

埼玉县 / 佐藤家

发挥自由创意
实现机能收纳

佐藤家巧妙地利用整面墙来收纳所有厨房杂货。在厨房中央设置大型中岛，再利用墙面收纳，就能轻松享受料理乐趣。在石膏板与壁纸之间垫上一层底，再把 IKEA 买的木制与铁制收纳架钉在墙上。展示收纳的好处，就是物品的位置一目了然，使用起来也很方便。客厅完全没有木制收纳箱，只摆设简单的家具，加上没有沉重的大型家具，因而可以轻松地变换居家布置。

不拘泥于刻板观念的物品使用法，是佐藤家收纳技巧的最大特色——将孩子的讲义收在鞋柜里，利用盆栽套盆收纳刀叉餐具。发挥自由创意，实现方便实用的收纳风格。

购买厨房收纳架和电视柜等收纳用品时，屋主会先拍下房间的格局，打印出来后写上详细的尺寸，作为购买时的参考。这个方法能帮助屋主迅速找到大小、风格都符合理想的收纳用品。只要发挥巧思，就能将自己真正需要的物品收纳得整齐清爽。

不占空间的悬挂收纳

除了上方的层架，所有吊杆与收纳架都是屋主架设的。调味料放在煤气炉后方，不只是考虑到方便性，也是配合物品尺寸设置最适合的收纳工具。

厨房

善用墙面收纳与开放式层架
打造方便取用调理器具的厨房

Data

地板面积：59m²（仅2楼）
格局·住宅类型：1LDK·透天厝
屋龄：5年
家庭成员：佐藤一先生（40多岁）、
薰小姐（40多岁）、阿大（13岁）、
小栞（9岁）、大野正子女士（60多岁）

依内容物选择容器

甜点用具等常用的小东西，放在可以看见内容物的玻璃瓶里。市售糖果等色彩缤纷的食品，则放在不透明的罐子里，营造简洁的风格。

开放式层架也能做出清爽感

将所有家电放在开放式层架上，珐琅罐与玻璃瓶等收纳用品也依材质分开摆放，就能充分收纳所有食品与零碎小物。

抽屉内部也要分门别类

塑料袋与橡皮筋全都收在水槽下方的抽屉里。善用无印良品的透明收纳盒细分抽屉内部空间，轻松营造整洁感。

工具类要重视实用性

海绵、袋口夹放在无盖容器里，方便随时取用。利用盆栽套盆分类直立收纳刀叉等餐具。

不想被看见的东西就用布料遮起来

餐具、滤水篮等厨房用品全都放在开放式层架上，用布盖住收纳琐碎小物的篮子，就能避免看起来杂乱。

厨房

隐藏收纳容易显得杂乱
要细心整理

展示收纳全以
白色统一

餐具柜的展示收纳区，只摆放平时常用的白色餐具。较大、彩色以及有图案的餐具全收在下方柜子里，巧妙地隐藏起来。

常用物品
收在无盖篮子里

以无盖篮子收纳毛巾等
需要迅速取用的物品，
放在柜子上层，需要时
拉出就能使用。

轻松拉出的附轮收纳架
也是很方便的收纳用品

卫浴以及房间使用的打扫工具，
全收在底部有滑轮的马口铁桶里，
不仅好取用，收拾起来也很轻松。

全部使用同
色系收纳篮

收纳盥洗室里的
琐碎小物，用篮
子是最方便的。
只要选择同色系
及大小适中的产
品，就能让此处
看起来干净整洁。

盥洗室

善用屋主最爱的收纳篮
以隐藏收纳让卫浴区整洁清爽

杂志和书放在
附门板的柜子里

颜色大小皆不同的杂志和
书籍，基本上要用隐藏收
纳，并将自己最喜欢的书
放在门板上展示。

杂志架与文件柜
是最棒的收纳主角

书籍杂志全都收在杂志架上，睡前
读物以及书信文件就放在文件柜里
分门别类，即可避免房间杂乱无章。

利用文件柜标签
分门别类

佐藤家的一楼是玻璃工
房。与工作有关的文件，
以及需要暂时保留的书信，
全都分类收在文件柜里。

卧室

发挥家具的收纳功能
将文件与书籍全都收起来

客厅

巧妙配置
设计简单的收纳盒与收纳篮

墙面的 CD 架
也要注重收纳力

将喜欢的 CD 放在墙面 CD 架上，突出居家风格。这款宽版 CD 架可以摆放四五张 CD，是屋主从 IKEA 购入的原因。

在收纳盒外贴上标签
所有物品都有自己的家

由砖块、木板、收纳盒与收纳篮组合而成的区域，整洁收纳各种文件、文具与数据线等零碎物品。

学校讲义收在鞋柜里

将鞋柜钉在客厅墙面上，收纳孩子们上学用的讲义。鞋柜顶板也成为匠心独具的展示区。

遥控器收在篮子里

将所有的遥控器收在篮子里。较深的篮子不仅可以隐藏收纳，取用时也很方便。

善用标签分类
收纳盒

在相簿侧面贴上写有日期的标签，立在收纳盒里依序排列，就能轻松取用。

玩具收在篮子里

色彩缤纷的玩具要收在附盖篮子里，放在孩子容易收取的地方，帮助孩子养成主动整理的习惯。

善用收纳篮打造整洁客厅

还没看完的杂志暂时收在沙发旁的篮子里；桌子
旁边也放一个收纳篮，临时要用桌子时，可以先
将桌上物品收进篮子里。

配合料理动线决定物品的位置

各式锅具收在煤气炉下方的抽屉里，想用时可以立刻拿出来，另外可以在对面做一个较高的收纳柜。

使用相同的收纳容器
兼具美观与功能性

从居家装潢、家具到小物品全都使用黑白色调，营造出T宅的时尚风格。放眼所及看不见任何生活用品，散发出清爽利落的整洁感。于"讨厌打扫"的女主人而言，不放置任何物品又可轻松整理的空间，是维持"干净整洁"的必备条件。

T宅收纳的基本原则，就是"依用途分类物品，并使用相同的收纳容器与盒子"。如此，包装各异的调味料与清洁剂，也能

所有物品皆为黑白色调
实现特色独具的时尚收纳

神奈川县 / T宅

以相同的收纳容器营造出一致性。餐具和文具也分类收纳，各种物品的摆放位置就能一目了然。只要遵守这个基本原则，就连抽屉与柜子的内部空间也能井然有序。

一切的秘诀就在收纳容器的选择方法。随着物品越来越多，分类也会跟着发生变化。许多人都是因为没有足够的收纳用品，或无法举一反三想出其他的收纳创意而感到挫折。用文件收纳盒保存干燥食物这类不受既有观念束缚的巧思，也是很重要的关键。女主人笑着说："我现在觉得整理是一件很有趣的事情。"可见乐在其中也是不可忽略的重点。

厨房

以白色为基调的收纳家具
彻底隐藏调理器具与各式食材

Data

地板面积：65 m²
格局·住宅类型：
2LDK·社区大楼
屋龄：3 年
家庭成员：TUULI
小姐与其先生（皆
30多岁）
http://blogs.yahoo.
co.jp/tuulituulituuli

善用收纳用品
有效运用死角空间

将白色收纳盒放在柜子上方，收纳平时较少用的派对餐巾等物品。餐具柜与冰箱间的缝隙中，放入较窄的收纳柜。

以收纳架增加有限空间的收纳容量

大盘子及形状不一的餐具不要叠放，立在餐盘
架上才能省空间。较高的隔间可用ㄇ形折叠
架，在柜子后方做双层收纳。

容易杂乱无章的调味料也更加好用

调味料放在贴着标签的透明容器里，一眼就能
分辨出内容物，还能轻松利用缝隙收纳。

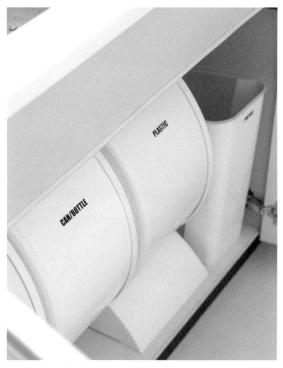

水槽下方放置资源回收桶

由于水槽下方有排水管阻碍，不容易收纳物品，
干脆将两个双层垃圾桶并排在此。

以特殊设计的收纳盘收纳餐具

在水槽下的上层抽屉里，利用左右滑动的收纳盘
分类餐具，不仅能提升收纳力，取用时也很方便。

客厅

所有物品集中收纳在一处
确保足够的休闲空间

**抢眼的大尺寸电视周边
全以黑色统一**

电视柜下方放着收纳 DVD 与电
视游戏机电线的盒子，选择与电
视柜同样的黑色收纳盒，看起来
就很清爽。

**电视旁的木制收纳柜
就是电脑使用区**

不用电脑时，只要关上门就
能彻底隐藏。上方层架放着
书籍与 CD，文件则分类归
档在贴着标签的文件夹里。

**化妆用具也
要分类收纳**

原本放在盥洗
室收纳柜的化
妆用具，都收
进 从 IKEA 购
入的收纳盒里，
因为女主人很
喜欢它有许多
小分格的设计。

**赋予家具不同用途
就能活用死角空间**

电脑桌下拉出的家具竟然
是桌子，将化妆用具收纳
盒放在里面，必要时拉出
来使用即可。

收纳家具要放在伸手可及处

将收纳柜放在客厅茶几旁伸手可及之处，这个配置也方便取用厨房用品。

善用分隔置物盘让配件有自己的家

收纳柜抽屉也要善用分隔置物盘或收纳盒分门别类，手表与钥匙等配件全部放在上方抽屉里。

看起来杂乱的各种电线要收在柜子里

拆掉柜子底下两个隔层的背板，整齐收纳连在电脑上的各种电线。

以相同的容器做展示收纳视觉上也美观

美妆用品全部使用白色瓶子盛装，收在玻璃柜后方，看起来也很清爽。

整发用品全部收在抽屉里

发带、发夹等用品，分别放进贴着标签的盒子里，与吹风机收在一起，吹整头发时就很方便。

盥洗室

以方便整理为优先考量
注重收纳的机能性

尽量减少物品，打造容易清理的卫浴空间

所有物品都收在附属收纳柜里，洗脸台完全看不到牙刷与各种美妆用品。

考量实用性彻底分类
其余皆以"概略收纳"为基本原则

K宅

兼顾工作与家庭，养成家人自立的习惯

K夫妇两人都有工作，平时生活相当忙碌，为了兼顾工作与家庭，太太坚持"严格区分打扫与收纳"的整理原则，极力减少打扫工作，分类收纳家中所有物品，只收纳该空间用得到的东西。

此外，"不收纳多余物品"也是整理原则之一。孩子出生后不久，家里开始变得凌乱不堪，于是太太决定拿家中的收纳问题开刀——全面清点所有物品，处理掉许多没用的东西。

原以为K太太是一位完美主义者，才会采取如此大胆的行为，一尘不染的整洁空间似乎也佐证了她的完美性格，没想到她竟然笑着说："其实我很粗线条。我认为只要做好分类就可以，抽屉或篮子里一团乱也无所谓，毕竟计划赶不上变化，整理得太整齐也没用。"配合孩子的成长情形与家中现况，采取适合的收纳方式，因"时"制宜的灵活想法，正是最重要的收纳观念。

K太太的另一个小秘诀，就是在篮子与收纳盒上贴标签，而且严格要求家人整理自己的东西，孩子们再也不会因为不知道东西放哪里而找妈妈帮忙。

利用收纳功能很强的吧台整理小物件

家中不摆放收纳家具，将零碎物品收在靠近餐厅的附门板厨房吧台里，看起来就十分整洁。

零钱也要分类要用时就很方便

每次缴费都在准备零钱吗？将零钱分别收在玻璃瓶里，盖子上写上面额就能一目了然，需要时就很方便。

保留一个抽屉作为"暂存区"

尚未分类或是不知道该放哪里的物品，就先放在"暂存区"里，有空时再随时分类。

Data

地板面积：90.16 m²（仅2楼）
格局·住宅类型：2LDK·透天厝
屋龄：2年
家庭成员：K先生、K太太、长女（17岁）、次女（14岁）

用同款式的分类篮看起来就很时尚

靠近餐厅的附门板厨房吧台里，使用篮子与盒子来分类收纳。

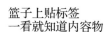

篮子上贴标签一看就知道内容物

贴上标签就能让家人知道物品的收取位置。这里使用十元商店买的软木标签，以统合整体感。

视听用品全都用盒子收在电视柜里

收纳盒中全都是录像带或DVD，将物品收在被使用的地方就不易杂乱。

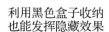

利用黑色盒子收纳也能发挥隐藏效果

由于玻璃门没有遮蔽效果，因此用黑色纸张包覆瓦楞纸箱，达到隐藏收纳的作用。花点巧思就能让空间更整洁。

章鱼烧烤盘收在篮子里

吊柜里用来分类收纳的物品是无印良品的椰纤编收纳篮。一个偶然的机会，发现这款篮子刚好可以用来收纳家里的章鱼烧烤盘。

粉类食材放在玻璃罐里，方便掌握剩余的量

利用玻璃罐收纳不仅干净整洁，也能对剩下的分量一清二楚。

厨房

选用耐脏好清洗的容器
减少清理的负担

**因为东西很少
所以不需要太多收纳**

由于手边物品不多，可以有效运用居住空间，比如将食品储藏室当成电脑工作区使用。

将瓦楞纸箱裁成抽屉大小

把瓦楞纸箱侧边裁切出开口，用白色纸张包覆后，用来收纳塑料袋。写着"small"的箱子里放的是超市袋子。

**用办公用品
收纳厨房用品**

用有防水功能的塑胶资料夹收纳清洁剂。库存的清洁剂放在后方，正在使用的放在前方，收取时相当方便。

刻意减少收纳空间就能增加生活空间

为了避免库存食材或厨房用品过度囤积，可以将食品储藏室改造成电脑工作区。

食谱绝不超过6本，收在电脑工作区里

电脑桌的后面是图书区，由于就在厨房旁边，因此可用来收纳常看的食谱，以及孩子们画画的素描薄。

容易杂乱的电线要隐藏收纳

在电脑桌的脚边设置电线收纳盒，将所有电线收在这里。这种简单设计既美观又防尘。

电脑桌面的图标不超过4个

电脑桌面也像家中其他空间一样，以同样的方式管理。不使用桌面主题以加快运作速度，而且桌面图标绝不超过4个。

以封套收纳光盘，节省空间

光盘收纳起来很占空间，可改用薄的不织布封套，加上分类索引标签，即便重叠收纳，也能轻松搜寻。

电脑工作区

设置在厨房边
动线相当顺畅

木家具搭配系统收纳柜
充分运用所有空间

神奈川县 / H 宅

使用整面墙的系统收纳柜
房子原本的格局是开放式客、餐厅与厨房，因此利用一整面墙做了系统收纳柜。位于厨房的开放式柜子则运用收纳篮，打造出简洁的风格。

配合家中物品打造最贴切的收纳计划

H 太太喜欢简单大方的居家空间，购买这间公寓的原因，就是看上了大量的木制收纳柜。考量到孩子的成长需求，未来还需要更多收纳空间，因此在客、餐厅与厨房的整面墙嵌入"GALLERY 收纳"的系统收纳柜。配合光碟、相簿等物品的尺寸，以及今后可能增加的分量，设计出足够的收纳空间，充分运用所有角落。

收纳方式是以系统收纳柜为主的"隐藏收纳"，不过并非所有物品都隐藏起来，而是选择在各个地方发挥巧思，增加实用性，例如在收纳家具中放入抽屉式收纳盒，即使将物品收在深处，也能轻松取用；零碎小东西用篮子收在柜子里，就能巧妙运用内部空间，增加收纳量并提升方便性。不只追求隐藏的美观，也注重收取时的方便性，成功打造出具有高度收纳功能，且看起来时髦摩登的居家空间。

Data

地板面积：75m²
格局·住宅类型：
3LDK·社区大楼
屋龄：2 年
家庭成员：H 先生（30
多岁）、H 太太（20多岁）、
长女（4岁）、狗狗

在电视柜里设置 CD 与 DVD 专用抽屉

电视柜镶嵌在墙面收纳里，下方设置了两个大小适中的抽屉，专门收纳光盘。

五颜六色的书收在附门板的柜子里

由于书封五颜六色，用展示收纳会显得杂乱，因此收在附门板的柜子里。H 家的买书原则，就是每买一本书就要回收一本书，绝不增加书籍总数。

利用索引标签既整齐又方便

使用同一款相簿，既整齐又美观，再贴上印着编号的索引标签，一眼就能找到想看的。

客厅

利用大小适中的系统柜收纳让居家空间整洁美观

可以带着走的托盘型抽屉

将玩具收在像托盘一样可以直接抽出来使用的托盘型抽屉里，方便孩子玩玩具，还能养成结束之后自动收拾的习惯。

设置在客厅的边柜也能当矮屏风使用

配合沙发高度所做的边柜，也具有区隔客、餐厅与厨房空间的功能。由于柜体不高，方便孩子取用物品，因此用来收纳绘本与玩具。

利用墙面收纳
看来干净又利落

常用的汤勺就挂在墙上，
统一厨房用具的颜色，
看起来干净利落。

打造顺畅的
料理动线

在煤气炉旁安
装滑动式收纳
架，上层摆放
以相同容器分
装的盐与砂糖，
下层摆放意大
利面与料理酒
等高度较高的
食材和调味料。

善用∏形折叠架
让收纳没有死角

将调理碗叠起来，收在
∏字形折叠架上，让水
槽下方也能收纳。减少
死角等于增加收纳空间。

流理台只放最低
限度的用品

显眼的流理台区尽量不摆
放物品，充分利用水槽下
方的收纳空间，并遵守"用
完就收"的使用原则。

统一颜色与材质，打造整洁空间

利用篮子与玻璃瓶收纳厨房的各种零碎杂物，
配合银色电器，篮子与玻璃瓶也选择银色系。

厨房

物品较多的厨房
要充分活用收纳用品！

配合餐具高度调整层板

由于层板高度可以调整，即使餐具变多，也
能收纳得恰到好处。常用的餐具收在可连层
板一起拉出的抽屉里。

**收纳的同时注重乐趣
提高孩子整理的意愿**

在门板上装挂钩用来挂包包

在衣橱门板贴上挂钩，收纳包包等配件。收纳篮可放在吊挂的衣服下方，巧妙运用死角空间。

利用抽屉增加衣橱收纳量

由于童装长度较短，容易浪费下方空间，因此可折叠的衣服就收在多层收纳柜里。配合衣橱空间，选购大小适中的多层式收纳柜。

玩具柜以展示收纳为原则

将可爱的木制玩具展示在开放柜里，每几个月就变换布置，维持孩子整理的意愿。

拆掉外包装节省收纳空间

卫生纸与狗粮等日用品最好拆掉外包装，这样能节省收纳空间。

订做大容量收纳柜的洗脸台

镜子后方是深度较浅的收纳柜，用来收纳牙刷等盥洗用品。洗脸台上的用品全都采用白色系，营造整洁的印象。

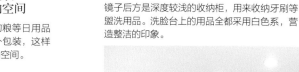

大型浴巾柜里收纳浴巾与日常用品

洗脸台对面也有一整面的收纳柜，里面放的是浴巾与清扫工具等日常用品。

尿布全收在篮子里放在更衣间

为了方便洗完澡后使用，在洗脸台下方的抽屉里摆放尿布组。利用篮子区隔，就能整理得干净整洁。

盥洗室

**每天使用的物品
全部收纳在此**

利用系统收纳柜
打造整洁清爽的家

系统收纳柜的优点，就是可依照物品尺寸组合搭配。

不过，还是有许多人不知道系统收纳柜的构造与选择方法。

本回特别专访系统收纳柜专卖店"GALLERY 收纳"的村松澄子小姐，

向她请教系统收纳柜的基础常识。

什么是『系统收纳柜』？

不可不知的基础构造与设计概念

系统收纳柜就是组合门板、五金与柜体的收纳家具。举凡缝隙柜等小型柜到一整面墙的大型柜一应俱全，种类相当丰富，因此不只能配合居家空间制作收纳家具，也能依照现有物品的数量与收纳物品的特性，决定采用哪种型式的柜体。

在系统收纳柜起源地的欧洲，所有配件的规格全部是统一的，因此各厂牌之间的产品可以互相组合搭配。反观日本，各家都有自订的产品规格，无法组合跨厂牌的产品，因此想要组合出理想的系统收纳柜，第一步就是要依照自己的需求与喜好，选择适合的品牌。

系统收纳柜的优点就是具备灵活性

家中物品除了会随时增减之外，也会随着家人的年龄、生活方式的改变而不同，此时收纳场所也要跟着变动。系统收纳柜的优点，就是可以顺应所有变动，满足每个时期的需求。

村松小姐表示："如果习惯在客厅帮孩子换衣服，或孩子会在客厅玩耍，就要在客厅设置专门给小孩用的收纳空间。等到孩子长大，有了自己的房间之后，再将孩子的物品全都收到房间里。这样的方式可以顺应孩子成长的需求。"

由此可见，系统收纳柜可以反映全家人的生活形态，满足不同空间的活动需求，实现有效率的收纳方式。

无论是开放展示柜、附门板收纳柜或抽屉，都可依照家中物品的特性，从数千件产品及多种颜色中，组合出最适合的系统收纳柜。

哪种款式最受欢迎？

可收纳大尺寸薄型电视的系统收纳柜人气最高

目前最受欢迎的系统收纳柜，是可收纳电视的客厅用视听设备柜。将电视放在看起来最舒适的高度，买新电视时也能重新组合柜体，这就是系统收纳柜最方便的特性。

村松小姐表示："客厅是家人相聚时间最长的空间，需要收纳的物品也较多。将电视收在柜体里，就能营造出整洁清爽的居家空间。"

很受欢迎的托盘式抽屉，不仅好收取，也能适度遮蔽收纳物品。在全家人共处的客厅中，设置个人专用的托盘式抽屉，既好用又方便。

可顺应房间格局的墙面收纳

GALLERY 收纳重视系统收纳柜与居家装潢的整体感，产品种类丰富。

近几年来，将客厅、餐厅与厨房设计在同一个空间里的开放式格局，成为室内设计的主流。越来越多屋主喜欢设置一整面墙的收纳柜，将餐具收在靠近厨房的收纳柜里，并将书籍、影音光碟放在靠客厅的收纳柜里。

村松小姐表示："与其摆放独立的餐具柜与书柜等家具，系统收纳柜可以营造出一致的居家风格，还能收纳大量物品，这也是它受欢迎的理由。"

该如何规划收纳空间？

选购产品前的准备

规划收纳空间时，请先确认哪些物品要收在哪里，并测量收纳空间大小，准备好房子的平面图，更能达到事半功倍之效。接着还要列出收纳物品清单，分配每个场所需要收纳的物品数量，预估大致尺寸。收纳家电最重要的就是尺寸。请务必重新检视全家人的生活形态，确认家庭成员会在哪些地方使用哪些物品。

耐心讨论收纳计划 设计出最理想的收纳空间

以整理好的信息为依据，听取专家建议，构思最理想的收纳计划。请几家厂商报价之后，就能根据价格与报价内容，选出最令自己满意的产品。

村松小姐表示："每个人做决定的时间都不同，有些人只要开一两次会就能决定，也有客户要花两年才正式下单。自己满意，才是最重要的选择依据。"

施工前应仔细丈量尺寸并确认房屋状态

系统收纳柜的交期因产品、厂商与库存状况而异，一般而言，平均约为一周到两个月。以贩售系统收纳柜为主的 GALLERY 收纳在正式施工前，专业师傅会到现场丈量尺寸，确认产品是否符合空间需求。施工时，师傅也会配合木制家具的歪斜误差，一边调整一边安装，周到服务让顾客感到安心。

顾客只要准确传达自己的希望与疑问，GALLERY 收纳就能设计出最符合顾客需求的收纳计划。

12 款
经典人气系统收纳柜

网罗系统收纳柜推荐品牌

介绍顺应各种需求的人气系列

活用吊杆与抽屉，打造高实用性衣橱。

system manone

manone

从使用者的角度设计
满载"有就很方便"的创意巧思

　　manone 公司是日本系统收纳柜的先驱，基本款收纳柜的表面全都施以除臭功能，可减少恼人气味。总共有 15 种零组件，包括附吊杆的层板、由铁丝编织而成的抽屉，款式相当丰富。门板共有 3 种材质、4 种形状与 100 多种颜色可供选择，绝对能满足您的需求。

可变换门板颜色与材质，组合出
个人专属风格。

配合物品规划各处的收纳空间。

上等的材质与洗练的设计，充满魅力的衣橱系统柜。

丰富的配件收纳盒，让衣橱
内部整齐清爽。

毫无赘饰的拉门款，时尚有型。

S07

Interlüebke

全球顶尖品牌的衣橱系统柜

　　来自德国的 Interlüebke 是全球首家开发系统家具的公司，07 系列重新改良 1962 年开发的衣橱系统柜，利用木板组装而成，可变化出多种款式。设计极为简练，关上门时看起来就像墙壁一样。共有 36 种颜色，以及可分类收纳衣着配件的零组件提供选择。

厨房收纳柜还可摆放电磁炉。

收纳柜也可用来区隔客、餐厅空间。

F 系列、S 系列
大谷产业

细心的沟通咨询
打造最适合住家的收纳计划

　　大谷产业是GALLERY收纳的母公司，设计的系统收纳柜最适合日本居家。不仅做工精致，也考虑到屋梁问题。F 系列与 S 系列是以收纳柜为基础，结合最低调整幅度达1cm 的灵活性，打造出可符合所有顾客需求的半订做系统柜。空间规划师使用专业软件进行收纳计划与报价，完全不浪费顾客的时间。

占据整面墙的收纳柜具备超大容量，而且内含电视柜。

ip20
ip20

因造型简练与耐用性备受喜爱
国际标准傲视群雄

　　自从 1975 年在德国研发成功后，便跃身为全球知名的系统收纳柜品牌。沿用开发当时的原创款式至今，适合所有人的普遍设计与卓越耐用性，深受各界信赖。基本上木板尺寸皆为 12cm 的倍数，可配合房间大小与高低落差加工组合，不会浪费任何空间。

除了厨房与卧室之外，亦可设置工作台，安装在工作室里，顺应所有空间的需求。

备有各种尺寸与配件，只要发挥巧思就能创造各种搭配。

ACROS
DIC

可微调尺寸，打造不浪费空间的收纳柜

　　DIC 不只跨足印刷油墨，也是家具领域的翘楚。旗下的 ACROS 系统收纳柜系列，可以高度 30mm、宽度与深度 1mm 为单位进行设计，并提供 4 种木纹与纯白色做选择，门板亦可采用半透明玻璃。

CUBIOS
松下电工

尺寸一应俱全，格局复杂的房间也能使用

　　特色就是在基本框架中加入门板与抽屉等各种配件，可从 20 ～ 45cm，分成 4 种尺寸的深度选择，凡宽度在 160cm 以内者，皆可以 1 毫米为单位微调，也能以 32mm 为单位调整出适合高度。各种配件都具有防脏污、防刮痕的功能。

ACT
arflex

打造出方便收取的开放式收纳空间

　　在意大利家具公司 arflex 担任工厂员工的保科正先生，回到日本后成立 ARFLEX JAPAN。ACT 系列是以铝管为主轴组装而成的，因此安装与拆解都很简单。共有 5 种色调，可从 4 种木纹与白色中选择。

ETAGAIR
ETAGAIR

简单设计适合所有居家风格

　　ETAGAIR 是由位于德国汉堡的 CHAMBRAIR 公司所生产的，组合镀铬的钢制框架与层板，打造出既轻盈又具有卓越稳定性与承重性的系统收纳柜，层板亦可选用时髦的玻璃材质。

Tosai LUX System
CONDE HOUSE

讲究美丽木纹，展现日式摩登风格的系统柜

　　CONDE HOUSE 由家具制造与室内设计的专家与德国设计师彼得·马里（Peter Maly）携手，以"崭新日本特质"为概念共同合作。基本款式为钢制框架搭配层板，分落地型与壁挂型两种。

THESIS
Tisettanta Home

款式丰富，高设计性引人注目的魅力系列

　　Tisettanta Home 是来自意大利的系统收纳家具制造商，专业师傅的精致做工颇受好评。共有 50 种颜色可供选择，质感与材质也很多样。只要组合柜体与层板，就能打造出充满时尚风格的墙面收纳柜。

NORSCAN
NORSCAN

设计简单、价格合理
可轻松融入居家风格的收纳柜

　　来自挪威的系统收纳柜系列，由钢制框架与铁网篮组合而成，实惠的价格和简单的设计是其受欢迎的原因。除了落地型之外，还可在家具或墙面架设轨道，嵌入抽屉收纳。

系统收纳
TOSTEM

可配合空间与用途简单调整收纳计划

　　可依需求选用适合的柜体与抽屉，共有收纳柜、层板、框架等 4 种型式可以选择。顾客可在官网上模拟收纳计划，并取得简易报价。

发挥巧思善用空间
75 个 "展示" 与 "隐藏" 的收纳创意

接下来将依照玄关与厨房等不同的空间，
介绍符合生活上的需求，巧妙运用了"展示"与"隐藏"的收纳创意。
"我很想整理，但不知该怎么做……"
如果你也有这种烦恼，不妨参考本节内容，绝对能找到解决之道！

增加层板，提高收纳量

裁两片与大人鞋子同高的木板，架在鞋柜两边，再放上
一片木板，就能多出一片层架来收纳小孩的鞋子，如此
一来即有两倍的收纳量。（福冈县·高杉家）

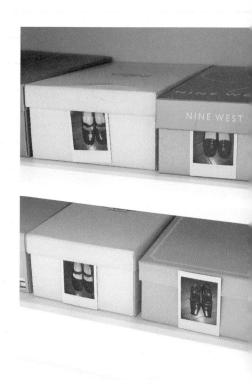

打造靴子专用
的鞋架

由于靴子体积较
大，无法与其他
鞋子一起收纳，
可架设靴子专用
的鞋架，避免浪
费空间。（广岛
县·山崎家）

鞋盒外贴照片，清楚掌握所有
鞋子的位置

平时较少穿的鞋子收进鞋
盒里，在鞋盒外贴上鞋子的照片，就可以节省找
鞋子的时间。（神奈川县·H家）

玄关
Entrance

玄关是一个家的门面
一定要整齐清洁

不常穿的鞋子收在箱子里

放不下的鞋子收在可以层叠摆放的抽屉式收纳箱里，偶尔才穿的布鞋也收在这里。（大阪府·高桥家）

外出物品全收在一起

在玄关旁钉上每个家人专用的挂钩，将外出物品全都挂在墙上。孩子用的挂钩要钉低一点，方便他们使用。（福冈县·高杉家）

鞋柜上的展示空间

钥匙与印章固定放在托盘里，先生收藏的玩具车装饰在客人一进门就看得到的玄关处。（爱知县·渡部家）

方便收取室内拖鞋

在家穿的拖鞋随兴收在古董箱里，既不占空间又方便使用。（兵库县·西卷家）

金属铁门可使用磁性挂钩

门板贴上磁性挂钩来收纳小东西；篮子里放着原子笔与印章，签收包裹时就很方便。（千叶县·A家）

湿伞暂挂在门旁的伞架上

用完的湿伞不要立刻收起来，先挂在门旁边的磁铁伞架上风干。（新潟县·中野家）

客厅·餐厅
Living & Dining

全家团聚的地方
要以物品和分量为收纳重点

利用砖头与木板架设简易电视柜

由于找不到刚好收纳电视游戏机与游戏软件的电视柜，因此可利用砖头与木板架设简易柜子。（群马县·S家）

冰冷的电器用品全部收在一起

架子上放着电视、笔记本电脑、打印机，以及收纳所有电器说明书的资料夹。（埼玉县·佐藤家）

遥控器就放在篮子里

电视、视听机器与空调等，家中遥控器总是越来越多，全部收在篮子里就很好整理。（广岛县·山崎家）

客厅只放常用物品

选出自己最喜欢的 DVD 与 CD 放在客厅。由于每一层的架子都很高，刻意以直立方式放置 CD 架。（静冈县·永山家）

手机专属的家

将手机固定放在一处，就不用担心找不到。不妨在柜台上放一个托盘，当作手机专属的家。（静冈县·永山家）

电话旁要放纸笔

外出时会用到的钥匙、手表、墨镜等随身物品，全都收在一起。由于电话放在下层，因此特地摆放纸笔，方便笔记。（埼玉县·佐藤家）

利用墙面收纳袋管理信件

信件很容易堆积如山，不妨按人分类，收在墙面收纳袋里。每周定期确认信件是否过期。（静冈县·永山家）

信件与传单放在资料夹里直立收纳

信件与传单分别保存在不同的资料夹里，并贴上自制的图示贴纸分类收纳。（神奈川县·T家）

电话簿放在电话下方的抽屉里

在电话下方的抽屉里放一本电话簿，需要时可随时查看。（K宅）

备用纸袋绝不过量

备用纸袋只留一个资料箱放得下的数量，并依大小依序排列。（静冈县·永山家）

琐碎的狗狗用品要隐藏收纳

将狗屋打造成壁炉风格。上方烟囱是狗狗用品收纳柜，摆放项圈、衣服与玩具等物品。（东京都·石田家）

重要资料全收在一处

保单资料、年金手册与地契等重要资料，全都装在夹层资料袋里，并放在显眼处。（千叶县·A家）

有手把的篮子方便带着走

孩子还小时经常在客厅玩耍，因此选择方便收纳的篮子。有手把的篮子方便带着走，临时有客人时也能立刻拿去放好。（神奈川县·S家）

包装材料要放在工作区旁

包装宅配箱会用到的封箱胶带，以及捆扎杂志的绳子都要放在一起，即可避免重复购买。（静冈县·永山家）

客厅·餐厅
Living & Dining

餐具收在深度较浅的抽屉里

依种类把各种餐具收在深度较浅的抽屉里。透明抽屉的好处在于，一看就知道餐具的位置。（神奈川县·T家）

厨房
Kitchen

考量使用的方便度
展示收纳时要注重功能性

ㄇ形折叠架是善用柜子高度的必备用品

较高的柜子只要善用ㄇ形折叠架，就能提升餐具的收纳效率。重点在于分门别类，以及不过度堆叠。（K家）

较深的抽屉用托盘增加收纳量

利用托盘区隔抽屉空间，就不易显得杂乱。依照餐具分类上下堆叠，亦可增加收纳量。（东京都·天野家）

珍贵的餐具要垫布料防刮伤

为了避免互相刮伤，珍贵的餐具要先垫一块薄布或厨房纸巾再叠放。（东京都·天野家）

直立收纳方便收取

利用资料夹区隔瓦斯炉下方的大抽屉，直立收纳
锅具、锅盖与调理器具。（爱知县·渡部家）

以专用收纳架充分运用空间

在水槽下方抽屉放置锅具与锅盖专用的收纳架，直立收纳，方
便取用。门板后方粘上挂钩，收纳调理工具。（神奈川县·T家）

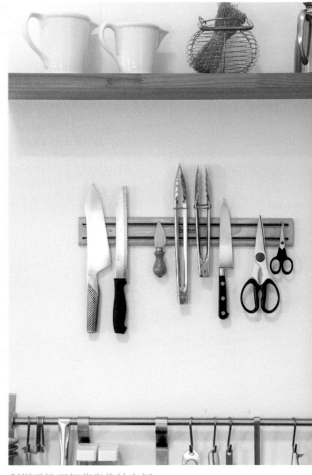

利用磁性刀架节省收纳空间

粘贴在墙上的磁性刀架具备超强磁力，除了刀子
之外，也能收纳夹子与剪刀。（埼玉县·佐藤家）

餐巾等家饰放在篮子里分类收纳

抹布、午餐垫、杯垫等大小不同的家饰布料，要依尺寸分类收纳，放在漂亮的篮子里。（大阪府·高桥家）

厨房
Kitchen

回收垃圾放在显眼处

生鲜食品常用的保丽龙盘等需要回收的垃圾，一定要挂在看得到的地方，以便随时处理。（神奈川县·奥斯朋家）

用包包收纳保鲜盒

轻盈的保鲜盒可以放在开口较大的包包里，挂在墙上收纳，不仅美观也容易收取。（埼玉县·佐藤家）

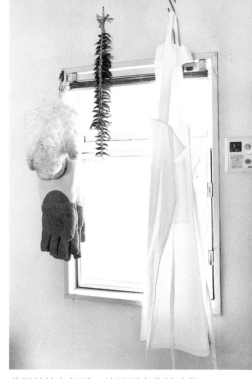

善用挂钩与钉子，让墙面有收纳功能

围裙与隔热手套等常用物品，只要挂在挂钩上即可，用完后也能立刻收起。（神奈川县·奥斯朋家）

拆掉外包装看起来就很整洁

拆掉垃圾袋与保存食品用的塑料袋等外包装，依种类分开收纳。不仅好取用，看起来也很整洁。（埼玉县·佐藤家）

像俄罗斯套娃一样堆叠调理碗与筛子

像俄罗斯套娃一样，堆叠调理碗、筛子以及铁盘等形状相同、尺寸各异的调理器具，就能节省收纳空间。（东京都·天野家）

厨房
Kitchen

善用冰箱上方的空间

只要设置伸缩置物架，就能运用冰箱上方多出来的空间，收纳不常用的物品与备用面纸。（爱知县·渡部家）

根茎类蔬菜放在通风良好的篮子里

洋葱、马铃薯与大蒜等无须冷藏的蔬菜全都放在篮子里，看起来就很时尚。（上：神奈川县·奥斯朋家／下：东京都·门仓家）

利用双尾夹吊挂收纳

用双尾夹将软管调味料的尾端夹在冰箱收纳盒上，即可充分运用死角空间。（千叶县·A家）

自制方便好用的滑轮推车

可以常温保存的调味料收在水槽下方的推车里。依照收纳物品的尺寸，订制好拿好收的推车高度。（东京都·天野家）

以同款保存容器灵活运用空间

需要冷藏保存的调味料全都分装在同款保存容器里，绝不浪费任何空间。选购时一定要配合层架高度。（神奈川县·T家）

用可爱的玻璃瓶来收纳，发挥"展示收纳"的效果

白米与豆子等常温保存的食材，只要收在设计可爱的玻璃瓶里，随兴摆放就很有品味。（神奈川县·奥斯朋家）

透明容器能一眼掌握剩余分量

长条状意大利面放在专属容器里，不仅可以避免潮湿，也能清楚掌握剩余的量。（千叶县·A家）

吃剩的食品也要用瓶子存放

剩一点点的零食与茶包只要装在瓶子里摆在显眼处，就不会忘记。（大阪府·高桥家）

用纸袋统整地板下所收纳的物品

先分类再放入手边有的纸袋里，再收进隐藏式的地板储藏箱中，需要时可随时拿出来用。（静冈县·永山家）

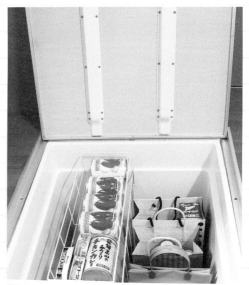

使用衣物
防尘套并
附上照片

不织布材质
制成的衣物
防尘套，由
于看不见里
面的衣物，
可先拍成照
片后挂在衣
架上。（爱
知县·渡部
家）

卧室
Bedroom

有效收纳衣物
打造舒适空间

过季衣物收在床下
将抽屉式收纳箱放在床下收纳过季衣物。可在收纳箱正面贴张纸，以保持美观。（新潟县·中野家）

将衣物直放在抽屉里方便取用
衣物折好收在抽屉里时，可将反折处朝上直立收纳，方便取用。（神奈川县·T家）

较厚的牛仔裤要收在下层抽屉里

不在乎折痕的牛仔裤与棉裤要折小一点，收在下层抽屉里，重量较重的衣物也要收在下层。（广岛县·山崎家）

利用领带架大量收纳
用领带与皮带的专用架收纳领带与皮带，不仅可大量收纳，取用时也很方便。（广岛县·山崎家）

将收藏的帽子挂在墙上展示

帽子类单品可利用钉子或挂钩挂在墙面，巧妙地配置打造时尚展示区。（千叶县·A家）

喜欢的包包就挂起来

常用的包包挂起来展示收纳。像俄罗斯套娃一样将小包包收在大包包里，即可提升收纳量。（大阪府·高桥家）

常佩戴的饰品大方展示出来

经常佩戴的饰品或小耳环就放在小盘子里，亦可成为居家布置的迷人特色。（千叶县·A家）

不在意折痕的配件就用篮子分类

围巾与领巾卷成一团，布质包包折好后，分别放在篮子里。由于收纳地点固定，需要时可以立刻选出搭配款式。（兵库县·西卷家）

美妆用品依使用频率分类

每天会用的基础保养品收在开放式托盘里，偶尔才用到的则放在有盖的篮子里，可避免沾染灰尘。（大阪府·高桥家）

盥洗室
Washroom

最需要隐藏生活感
打造整洁印象的空间

有效利用洗衣机上的空间

利用大卖场买的材料，自行组合收纳架。由于洗脸台可收纳的空间较少，因此将盥洗用品放在此处。（爱知县·渡部家）

折好的毛巾反折处朝外

配合柜子深度折好毛巾后，将反折处朝外堆叠，不仅好取用，看起来也美观。（兵库县·西卷家）

晒衣架用资料夹管理

不知道晒衣架该收在哪儿？建议使用 A4 资料夹，不用时只要放在洗衣机上的收纳架里即可。（广岛县·长崎家）

用杂志架收纳毛巾

将杂志架挂在洗脸台旁或洗衣机收纳架侧边，放上卷成圆筒状的毛巾，随时备用。（静冈县·永山家）

做好空间区隔，巧妙运用洗脸台下方

善用∩形折叠架与滑动式收纳架，存放清洁用品，琐碎小物品则用塑胶篮收纳。（静冈县·永山家）

铁网设计具有绝佳透气性

常用的卫浴用品不妨用厨房铁网架收纳，充分运用垂直空间，既透气，看来也很时尚。（千叶县·A家）

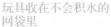

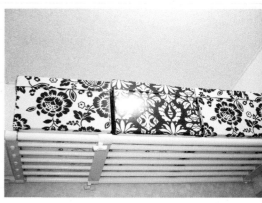

马桶上方用来收纳储备的日用品

在马桶上方设伸缩置物架，存放卫生纸与清洁剂。放在纸箱里就能避免沾灰尘。（千叶县·A家）

玩具收在不会积水的网袋里

将浴室玩具收在网袋里，用后可充分沥干水分，保持卫生，亦可使用挂钩与洗衣网取代。（神奈川县·H家）

用专用挂钩将脸盆挂在墙上

将洗脸盆与勺子一起挂在墙上，上下颠倒的摆放方式不仅很快就能干，也能避免滋生霉菌或摸起来黏滑。（静冈县·永山家）

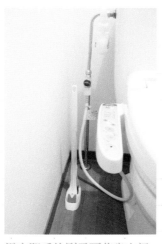

用完即丢的刷子可节省空间

即使空间狭窄，只要使用丢弃式刷子，就能节省空间。将喷雾式清洁剂挂在水管上，也能节省空间。（群马县·S家）

收在篮子与容器里，看起来整洁美观

备用卫生纸放在篮子里，除尘纸则收在专用容器里，用完随时补充。（群马县·S家）

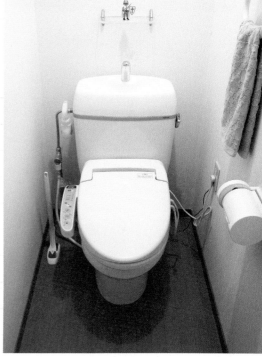

浴室·卫生间
Sanitary

容易弄脏的空间
应以打扫便利性为第一要务

上学的用品收在固定的位置

在书桌下装挂钩，专门挂书包与帽子。只要收在固定的位置，就不会弄乱房间。（千叶县·O家）

依游戏内容分类收纳

依照"购物游戏""扮家家酒"与"医生游戏"等内容，分类收纳所有玩具。（千叶县·O家）

外出用品集中放

外套与包包等所有外出用品放在一起，设置专属的收纳空间，就能避免出门时手忙脚乱。（爱知县·U家）

玩具收在孩子伸手可及处

依大小与种类分类玩具，收在尺寸各异的箱子里。绘本、学校的讲义与书包，也全都收在一起。（福冈县·高杉家）

常用物品也要收在一起

给收纳孩子衣物的抽屉贴上标签，不仅所有衣物的位置一目了然，也方便孩子自行收取。（茨城县·石井家）

儿童房

Child's room

配置位置与收纳方法
都要以方便孩子整理为重点

工作区
Workspace

不只是空间设计
也要注重整理信息的效率

店家名片要分门别类

店家的名片很容易堆积如山，可依期限与店家形态，用名片簿分类管理。（新潟县·中野家）

利用移动式柜体大量收纳

依书籍高度变更层架位置，增加收纳数量。由于书柜前方是沙发，因此不常看的书籍收在下层。（千叶县·A家）

收在玻璃瓶里，颜色一览无遗

瓶中收纳着羊毛毡材料，一看就知道哪些颜色放在哪里。（神奈川县·奥斯朋家）

重要的报道要剪下归类收纳

越积越多的杂志，只要剪下重要报道，再依类型与杂志归类收纳，就能节省许多空间。（新潟县·中野家）

利用古董展示柜营造从容感

将信纸与笔等文具收在古董店买来的甜点柜里，发挥"展示收纳"的功能。（神奈川县·奥斯朋家）

利用"延伸板"&"三格柜"制作收纳用品

利用可在大卖场便宜购得的延伸板与三格柜

打造专属于己的个人收纳用具

Proffltile 大御堂美唆: 除了在杂志、广告担任场景设计之外, 也参与店面装潢、电视节目的演出, 是目前十分活跃的室内造型师。著有《房间整理魔法》等书籍。网站: www.omido.com。

延伸板

种类相当丰富, 从小巧轻盈的壁橱款式, 到采用厚木板且具防水性的浴室用款, 一应俱全。可依尺寸、承载物品等用途与放置地点区分使用。

三格柜

有轻盈好移动的中空结构款, 以及强度较高的塑合板制品两种, 还可以选择 2 ~ 4 层, 也有适合收纳 A4 资料的设计。

DIY 工具

木螺丝

木螺丝比钉子更能固定木材, 还能调整轻微的误差, 是最适合新手使用的五金零件。可依照板子厚度与使用场所, 选择适合的长度及粗细。此外, 头部平坦的螺丝称为平头螺丝。

螺丝起子、锥子

螺丝起子是上紧木螺丝的必备工具, 若是电动的, 不仅事半功倍也能节省时间。用锥子或电钻先在木头上钻洞, 再锁上木螺丝, 就能避免木板破裂。

油漆、刷子、遮蔽胶带

建议选用不会让家中充满刺激性味道, 又可均匀涂刷的水性漆。刷油漆时一定要在地上铺塑料布或垃圾袋, 并使用水性涂料专用刷子。另准备一支像画笔般的小刷子, 可适时补救。遮蔽胶带不只可用来防止超刷出界, 还能用来辅助绘制图样。

滑轮

种类繁多, 包括只能前后移动的固定款、轮轴可自由回转的款式, 以及附煞车的高级产品。除了可使用木螺丝固定之外, 有些滑轮本身就有固定螺丝, 可轻松旋入木板里。

铰链

最常见的款式为平铰链。安装门板时通常上下两边都要使用, 因此一次会需要两个以上。铰链分为安装在外侧与内侧两种, 要考量门板与柜体之间的缝隙, 选择轴心不会过粗的。

制作方法

1 如图 a 组合延伸板与层板。先用锥子在层板上钻洞，架在延伸板上后，再从层板上方钻入螺丝固定。像图 b 一样组合延伸板时，角落会产生缝隙，因此放置层板时一定要与墙角密合。

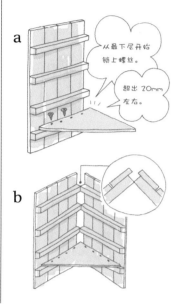

a

从最下层开始锁上螺丝。

超出 20mm 左右。

b

2 重复步骤 1，由下往上组装。

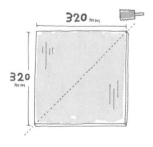

320 mm

320 mm

※ 裁切 322mm 见方的木板时，刀刃的厚度难免会使其中一块木板的面积切去较多，为了避免柜子组装完成后产生摇晃，最好由下往上交错固定层板。

用壁橱延伸板
制作卫浴三角置物架
善用空间的每个角落

材料

● 壁橱用延伸板
（W350mm × D750mm × H28mm）2 片
●（322cm 木板对角裁切而成的）三角形层板 4 片
● 木螺丝（ψ3.8mm × 13mm）32 根

工具

● 锥子
● 螺丝起子

※ 所有木材皆使用椴木合板。

用浴室延伸板
打造玄关收纳柜与拖鞋架
出门前再也不慌张

材料

- 浴室用延伸板
  （W465mm×D850mm×H40mm）1 片
- 底板（W460mm×D168mm×H18mm）1 片
- 侧板（W180mm×D180mm×H18mm）2 片
- 层板（W460mm×D100mm×H9mm）1 片
- 角材（W500mm×D15mm×H20mm）1 片
- 问号钩 4 个
- L 形层板托架
  （W20mm×D115mm×H150mm）2 个
- 织带 / 缎带（50cm 以上）5 条
- 木螺丝（ψ3.1mm×32mm）20 根
- 水性漆（橄榄绿）

工具

- 电钻或螺丝起子
- 锥子
- 油漆刷
- 订书机或木工用黏着剂

1 以水性漆为延伸板、底板、侧板、层板与角材上色后风干。

2 如图，以木螺丝将侧板固定在底板上。由于底板比侧板短 12mm（刚好是延伸板的厚度），因此前方要对齐。

短缺的 12mm 刚好是延伸板的厚度，可紧密嵌合。

3 将延伸板嵌入 2 的内侧，再用木螺丝从侧面固定。

4 将层板托架放在侧板上方，配合木螺丝钉入位置，将角材固定在延伸板上。

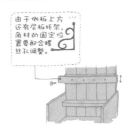

由于侧板上方还有层板托架，角材的固定位置要配合螺丝孔调整。

5 将层板托架固定在侧板上。在第一层角材旋入问号钩，第二层角材放上层板，用木螺丝固定。织带与缎带装饰在侧板前方，以订书机或木工用黏着剂固定。张开订书机上盖与钉槽呈 180 度，即可当钉枪使用。

制作方法

1 以白色水性漆刷门板及抽屉正面，待其自然干燥。

2 组装柜子，最上面的层板不装，以白色胶带遮住内侧缝隙。

3 抽屉正面以 4cm 的间距贴上遮蔽胶带，设计出直条纹图案，再刷上薄荷绿水性漆。

4 将海绵剪成直径 4～5cm 的圆形，蘸取粉红色水性漆，在门板上盖出圆点图案。

5 将铰链装在柜体上，让柜体与门板之间保持 2mm 左右的空隙，试着开关几次，确认是否顺畅。

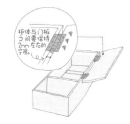

6 在门板上安装磁扣与门把，并于柜体内架上伸缩杆。

利用三格柜制作
孩子也能轻松整理的专用衣橱

材料

- 白色三格柜
  （W415mm×D289mm×H880mm）1 个
- 门板（W415mm×D590mm×H9mm）1 片
- （收纳柜专用）抽屉 1 个
- 门把 1 个
- 铰链 2 个
- 磁扣 1 组
- 40cm 伸缩杆 1 根
- 水性漆（白、粉红、薄荷绿）
- 木螺丝（ψ3.8mm×16mm）1 根
- 白色胶带

工具

- 电钻或螺丝起子
- 锥子
- 油漆刷
- 遮蔽胶带
- （质地稍硬的）海绵
- 油漆用浅盘

※ 所有木材皆使用椴木合板。

制作方法

1 组装柜子，用 18 根木螺丝将补强板用底板固定在柜子的背板后面。

2 裁剪成比盖板大 5cm 的长方形，正面朝下，上面均匀铺上 3 ~ 4cm 厚度的棉花后，放上盖板。棉花要稍微突出盖板边缘。

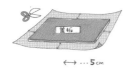

3 将长边的布连同突出边缘的棉花往内折 1cm 左右，每隔 3 ~ 5cm 用图钉固定，再贴上胶带遮住图钉。接着拉紧另一边的长边布，以同样的方式固定。角落的布料要收折整齐，维持美观造型。

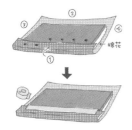

4 以铰链将 3 与柜子组合起来。如布料太长无法全部往内折，可剪掉多余的布料。最后沿着底板的 2 个长边，等距装上 6 个滑轮。

利用三格柜
自制客厅用滑轮长椅
让玩具也有自己的家

材料

- 大地色三格柜
  （W415mm×D289mm×H880mm）1 个
- 盖板＆补强用底板
  （W878mm×D415mm×H12mm）各 1 片
- 布（W900mm×H450mm 以上）1 片
- 手工艺用填充棉花 100g
- 滑轮 6 个
- 木螺丝（ψ3.8mm×16mm）24 根
- 铰链 3 个
- 图钉 50 个左右
- 白色胶带

工具

- 电钻或螺丝起子
- 锥子

※ 所有木材皆使用椴木合板。

Part 3

打造方便好用的收纳空间

有效分区提升实用性

使用场所与收纳场所越近,整理起来就越轻松。
简化收纳步骤,自然就能轻易维持整洁干净的居家环境。
现在就与家人一起构思方便好整理的收纳方法吧!

配合物品特性收纳在最适合的地方

构思收纳方法时,最重要的步骤之一就是"分区"。分区是指配合居住者的生活动线,考量物品与空间配置。一般在兴建房屋时,都会先做好分区规划,套用在收纳上,就要以"在必要场所确保足够收纳空间"为最高原则。

乍看之下分区规划似乎很困难,事实上我们在生活中早已下意识地做好分区,例如"调理器具一定放在厨房里""盥洗用具与牙刷放在卫浴空间里"等等。只要配合家中物品特性,收纳在最适合的地方,就能让每天的生活更顺畅、更轻松。在考量收纳场所时,请务必先进行模拟,了解家庭成员会在哪里使用哪些东西。

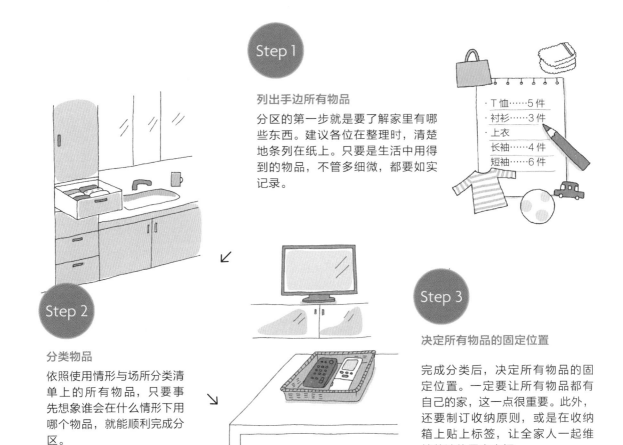

Step 1

列出手边所有物品

分区的第一步就是要了解家里有哪些东西。建议各位在整理时,清楚地条列在纸上。只要是生活中用得到的物品,不管多细微,都要如实记录。

· T恤……5件
· 衬衫……3件
· 上衣
  长袖……4件
  短袖……6件

Step 2

分类物品

依照使用情形与场所分类清单上的所有物品,只要事先想象谁会在什么情形下用哪个物品,就能顺利完成分区。

Step 3

决定所有物品的固定位置

完成分类后,决定所有物品的固定位置。一定要让所有物品都有自己的家,这一点很重要。此外,还要制订收纳原则,或是在收纳箱上贴上标签,让全家人一起维持整洁的居家空间。

提升实用性的重点①

集中收纳 与 分散收纳

不常用的物品全部收在一起

规划一个较大的收纳空间，采取"集中收纳"的方式，摆放电风扇与电暖器等季节家电，以及一年只用一次的节庆物品，这样会比收在生活空间里还要便利。若是毫无章法地四处收纳，突然要用时会很容易忘记收在哪里，翻遍家中也不一定能找到。因此，善加运用壁橱、储藏室与大型置物柜，就能让"集中收纳"事半功倍。

集中收纳要特别注意一点，就是要清楚记录物品收纳的位置，需要时才能立刻拿来用。若是随意摆放，要用时就会不知道东西在哪儿，反而浪费时间。

常用物品应配合动线分散收纳

日常生活中经常使用的物品，最适合采用"分散收纳"。分散收纳时要配合生活动线，将物品放在用得到的场所。

分散收纳的重点，就是不要受限于刻板观念。有人喜欢在客厅使用剪刀或笔，但也有人会在厨房使用，也有人外出时容易忘东忘西，所以最好在玄关设置柜子，收纳放着手帕与钥匙的外出包，出门就不会手忙脚乱。

回想全家人的生活形态与日常活动，找出适合每个人的收纳场所。与家人充分沟通，决定所有物品的收纳位置，就能让生活动线更加顺畅。

收纳场所也要发挥巧思！
经常忘记的物品收纳法

剪刀、笔类
为了方便拆信或讲电话时记事，建议在客厅和餐厅摆放文具。好用的剪刀也要每个空间都摆一把，需要时就很好用。

挖耳棒、指甲刀
全家共享的用品建议放在客厅等公共空间里，而且收纳方式要简单，才能养成"用完就收"的习惯。

内衣、睡衣
把内衣、睡衣放在更衣室是很好的点子，如此洗澡时就无须带衣服进更衣室，洗完澡后也能立刻穿衣服。不妨配合家庭成员与空间大小，规划收纳场所。

报纸、杂志
全家阅读的书报放在客厅或餐厅，个人阅读的书报则放在自己喜欢的地方。事先规定看完的书报放置的地方，以及书报的保留期限，就能轻松维持整洁空间。

兴趣用品
手工艺用品、电脑、光盘等与个人兴趣有关的物品，可以根据全家人共享或个人使用的需求，考量适合的收纳场所。凡是放在客厅的物品，都要有固定的收纳位置。

药品
药品与居家常备的创可贴等急救药品不同，因为通常要配水服用，放在靠近厨房的位置就很方便。保存时应放在密闭容器或罐子里，避免受潮。

空间与收纳方式

依照空间用途考量适合的收纳方式

决定好收纳场所后，接着就要思考收纳方式。这个阶段的重点在于每个空间的用途与目的。

例如招待客人的客厅以及访客都会经过的玄关，就要以美观为重点采用隐藏收纳；相反地，厨房和卫浴空间就要以方便使用的展示收纳为主，发挥独特巧思。

每个家庭的空间使用法各有不同，请配合日常生活形态，找出最适合的收纳方式。

不同空间的收纳重点

玄关

玄关收纳的物品又多又杂，包括鞋子、拖鞋、伞与钥匙等等，此处也是最容易被他人看见的地方，可说是代表一个家的颜面。可巧妙运用"隐藏收纳"并发挥巧思，打造出清爽整洁的舒适空间。

客厅

希望家人如何运用客厅，将决定收纳在客厅的物品品项。请依空间大小调整物品数量。由于此处收纳的物品较多，也是客人最常待的地方，因此要善用"隐藏"与"展示"收纳。

卫浴空间

全家人每天都要在这里刷牙、洗脸、更衣与洗衣服，将每个人要用到的东西放在这里，不仅要注重方便性，也要随时保持整洁。此外，还必须确保收纳库存品的空间。

卧室、独立房间

此处主要收纳衣服、寝具与兴趣用品等个人物品。依照使用频率、物品种类进行分类，并配合家人个性与生活形态，选择最适合的收纳方式，将物品收在最方便取用与收纳的地方。

厨房、餐厅

这里是每天都会用到的地方，必须以"方便性"为最高原则。可依照使用频率分类所有物品，发挥巧思，变化收纳方式。如果是客、餐厅与厨房打通的空间，放眼所及之处一定要维持整洁美观。

提升实用性的重点③

伸手可及处
与
视线高度区

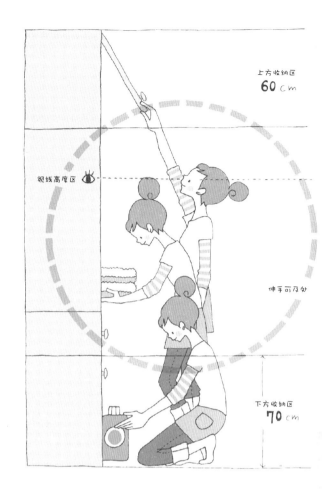

上方收纳区
60 cm

视线高度区

伸手可及处

下方收纳区
70 cm

常用物品收在伸手可及处

"重的东西往下放，轻的东西往上放"——这是收纳的基本原则。不过，我建议常用物品一定要放在方便收纳与取用的地方。在规划收纳空间时，首先要考虑的就是"伸手可及处"。

伸手可及处是指伸手就能拿到或取用物品的活动范围。换句话说，就是一个人最容易取用或收纳物品的范围。其中最方便收取物品的范围，是视线最容易看到的位置，也就是"视线高度区"。唯一要注意的是，视线高度区的范围相当小，一定要严格筛选收纳在此处的物品。视线高度区最适合收纳体积较小以及常用的物品。

孩子的物品收在伸手可及处
养成孩子整理收纳的习惯

同样是"伸手可及处"，大人与小孩的活动范围就有很大的差异。家中有幼童时，在孩子拿得到的范围内，绝对不要摆放危险物品；相反地，在孩子的伸手可及处收纳玩具，就能养成孩子整理收纳的习惯。善用伸手可及处，让孩子从小养成自己收拾整理的习惯，也是很好的方法。

若是全家人用完东西都会放回原位，就能轻松维持干净整洁的居家环境。

伸手可及处与收纳物品范例

	下方收纳区 偶尔使用的物品 重的东西	伸手可及处 常用物品 体积较小的物品	上方收纳区 不常使用的物品 轻的东西
工具 生活用品	吸尘器、电熨斗 偶尔阅读的书籍 工具、保险箱	笔记用品 常看的书 浴巾、美妆品 光盘、药品	库存面纸 卫生纸
食品 调理器具	库存调味料 土锅或大锅子 保存食品	刀叉筷匙 碗盘 厨房用具 小型调味料	干燥食品 保鲜盒 便当盒
衣物 小东西	偶尔穿着的衣服 床单寝具	常穿衣物 手帕与内衣 饰品	过季衣物 户外用品 鞋盒、帽子 包包

衣橱的收纳规划

衣橱大多以容易收取的衣架为收纳主角，
只要调整吊挂的方法并善用收纳用品，
就能大幅提升收纳容量。

衣橱内部结构

善用吊挂收纳充分运用空间高度

衣橱是最适合吊挂衣物的空间，衣架收纳不仅不会弄皱衣物，也不用折衣服。不过，挂太多衣物还是容易出现折痕，一定要注意。最好保留适度空间，避免拿出要穿的衣服时，弄乱其他衣物。

此外，打开门板就能看到的位置也最容易收取，适合收纳最常穿的衣服。

除了吊衣杆之外，亦可利用收纳抽屉或衣物收纳箱，收纳T恤、内衣与包包等可以折叠的衣服和配件。

衣架种类

配件（帽子、领带等）专用
使用可收纳多款领带与腰带的专用衣架，就能节省许多空间。

裙子·裤子专用
容易产生褶皱的布料要吊挂收纳，有以夹子固定与吊挂两种款式。

衬衫专用
无须选用有厚度的款式，以同款衣架吊挂衬衫，就能节省收纳空间。

夹克·大衣专用
选择肩膀部分有厚度且往前弯的款式。

Point 1

利用 S 形挂钩错开肩膀位置

衣架最占空间的地方就是肩膀位置，利用 S 形挂钩吊挂衣长较短的衣物，错开前后衣物的肩膀位置，就能瞬间增加收纳量。

Point 2

长度相同的衣物要挂在一起

吊挂时要将长度相同的衣物挂在一起，如此一来，长度较短的衣物下方就会空出整个空间，适合摆放抽屉式收纳柜。

Point 3

注意折门与抽屉位置

折门重量较重，打开后也会占据门口的空间。衣橱内使用抽屉式收纳柜时，一定要事先确认开门时是否会阻碍抽屉开关。

90～100cm

使用抽屉

70cm

一个人使用

150cm

两个人使用

100～120cm

更换衣物

更衣间也要保留足够空间

配合自己的习惯保留足够空间

更衣间要保留足够的空间让人方便进入取用衣物。若是因为塞入过多衣物而不方便取用，反而会失去原有美意。

站着及蹲着这两种收取衣物的习惯，所需的空间相差 20 ~ 30cm。如果要在更衣间换衣服，就要保留更多的空间。若要同时从两边拉开抽屉，就应保留 150cm 左右的通道。

衣橱规划 ● 1

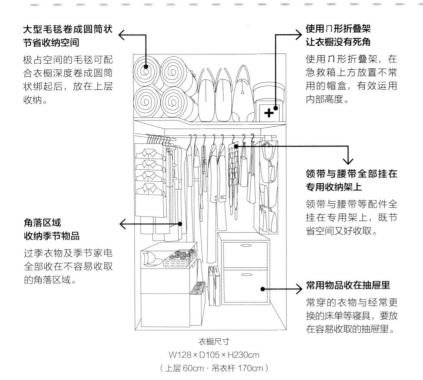

大型毛毯卷成圆筒状节省收纳空间

极占空间的毛毯可配合衣橱深度卷成圆筒状绑起后，放在上层收纳。

使用∏形折叠架让衣橱没有死角

使用∏形折叠架，在急救箱上方放置不常用的帽盒，有效运用内部高度。

领带与腰带全部挂在专用收纳架上

领带与腰带等配件全挂在专用架上，既节省空间又好收取。

角落区域收纳季节物品

过季衣物及季节家电全部收在不容易收取的角落区域。

常用物品收在抽屉里

常穿的衣物与经常更换的床单等寝具，要放在容易收取的抽屉里。

衣橱尺寸
W128×D105×H230cm
（上层60cm・吊衣杆170cm）

衣橱内部较深
采用 L 形配置的设计

内部采用 L 形吊衣杆的衣橱，角落区域容易形成死角，用来收纳季节家电与过季衣物，较能有效运用空间。

收纳物品清单

品项	数量	品项	数量
大衣	5	手提包	3
套装／西装	8	运动包包	2
连身洋装	10	皮革包包	3
裙子	10	肩背包	2
裤子	6	腰带	5
毛衣	7	领带	10
开襟外套	5	帽子	8
衬衫	7	床单	20
棉质上衣	20	枕头套	6
睡衣	5	毛毯	4
领巾	10	急救箱	1
波士顿包	1	缝纫机	1

衣橱规划 ● 2

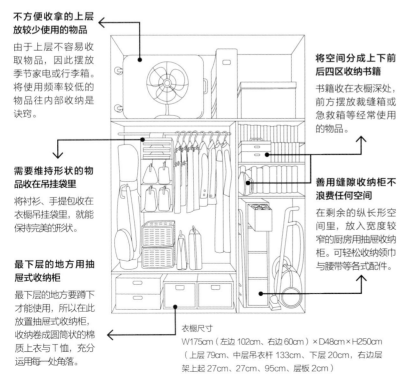

不方便收拿的上层放较少使用的物品

由于上层不容易收取物品，因此摆放季节家电或行李箱。将使用频率较低的物品往内部收纳是诀窍。

将空间分成上下前后四区收纳书籍

书籍收在衣橱深处，前方摆放裁缝箱或急救箱等经常使用的物品。

需要维持形状的物品收在吊挂袋里

将衬衫、手提包收在衣橱吊挂袋里，就能保持完美的形状。

善用缝隙收纳柜不浪费任何空间

在剩余的纵长形空间里，放入宽度较窄的厨房用抽屉收纳柜。可轻松收纳领巾与腰带等各式配件。

最下层的地方用抽屉式收纳柜

最下层的地方要蹲下才能使用，所以在此放置抽屉式收纳柜，收纳卷成圆筒状的棉质上衣与T恤，充分运用每一处角落。

衣橱尺寸
W175cm（左边102cm、右边60cm）×D48cm×H250cm
（上层79cm、中层吊衣杆133cm、下层20cm，右边层架上起27cm、27cm、95cm、层板2cm）

衣物与生活杂货
相邻而居

隔间较多的空间，要先决定物品的收纳位置。上层放不常用的物品，下层右边放生活用品，左边放衣物。像这样做好大致分类，再依照空间大小进行收纳。

收纳物品清单

品项	数量	品项	数量
大衣	2	领巾	5
套装／西装	3	腰带	7
夹克	2	吸尘器	1
连身洋装	2	电风扇／暖气机	1
裙子	6	电熨斗	1
裤子	3	熨衣板	1
毛衣	5	裁缝箱	1
开襟外套	4	原文书	40
衬衫	5	文库本	20
T恤	5	行李箱	1
棉质上衣	10	手提包	2
袜子	10	皮革包包	2
裤袜・紧身裤	15	肩背包	2
睡衣	3	高尔夫球袋	1

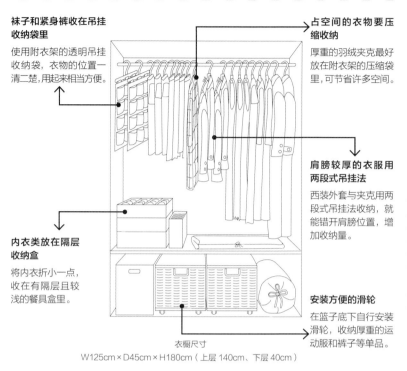

袜子和紧身裤收在吊挂收纳袋里

使用附衣架的透明吊挂收纳袋，衣物的位置一清二楚，用起来相当方便。

占空间的衣物要压缩收纳

厚重的羽绒夹克最好放在附衣架的压缩袋里，可节省许多空间。

内衣类放在隔层收纳盒

将内衣折小一点，收在有隔层且较浅的餐具盒里。

肩膀较厚的衣服用两段式吊挂法

西装外套与夹克用两段式吊挂法收纳，就能错开肩膀位置，增加收纳量。

安装方便的滑轮

在篮子底下自行安装滑轮，收纳厚重的运动服和裤子等单品。

衣橱尺寸

W125cm × D45cm × H180cm（上层 140cm、下层 40cm）

以太太的衣物为主的上层吊衣杆设计

这是以女性衣物为主的卧室衣橱，建议根据长度与种类来整理收纳。由于用的是折门，两边的衣物不容易取出，因此摆放的是较少用的睡袋与和服用品。

收纳物品清单

大衣	3	内衣	30
资料（A4 文件箱）	1	袜子	12
套装	2	裤袜・紧身裤	8
夹克	3	和服用品（腰带等）	1
羽绒夹克	1	浴衣	1
连身洋装	10	后背包（大小各 2）	4
裙子	6	睡袋	1
衬衫・罩衫	5		

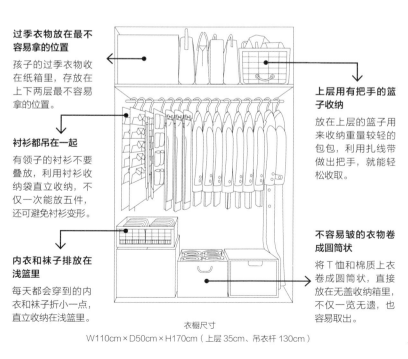

过季衣物放在最不容易拿的位置

孩子的过季衣物收在纸箱里，存放在上下两层最不容易拿的位置。

衬衫都吊在一起

有领子的衬衫不要叠放，利用衬衫收纳袋直立收纳，不仅一次摆放五件，还可避免衬衫变形。

内衣和袜子排放在浅篮里

每天都会穿到的内衣和袜子折小一点，直立收纳在浅篮里。

上层用有把手的篮子收纳

放在上层的篮子用来收纳重量较轻的包包，利用扎线带做出把手，就能轻松收取。

不容易皱的衣物卷成圆筒状

将 T 恤和棉质上衣卷成圆筒状，直接放在无盖收纳箱里，不仅一览无遗，也容易取出。

衣橱尺寸

W110cm × D50cm × H170cm（上层 35cm、吊衣杆 130cm）

以先生的衣物为主的下层吊衣杆设计

这是以先生每天穿着的西装与衬衫为主的衣橱，巧妙运用衬衫收纳袋和裤架，就能收纳大量衣物。搭配收纳箱，所有衣物的位置一目了然，轻松节省更衣时间。

收纳物品清单

大衣	2	针织衫（毛衣・背心）	5
西装	7	内衣	10
夹克	4	袜子	10
衬衫	10	腰带	5
孩子的过季衣服（瓦楞纸箱）	2	领带	12
裤子		手帕	10
T 恤・POLO 衫	13	包包	4
棉质上衣	6	后背包	2
连帽上衣・运动服	3		

壁橱的收纳规划

随着生活形态的变迁，
壁橱也常用来收纳棉被以外的物品。
请仔细规划收纳方式，充分运用壁橱内部的深度与高度。

※ 日式住宅多以榻榻米为床，因此设有可收纳床垫、被褥等寝具的大型壁橱。

壁橱的内部结构

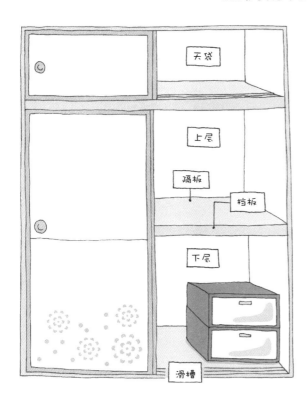

连深处都用到的秘诀，就是要慎选收纳用品

由于壁橱原本是用来收纳棉被的，因此空间相当深，如何运用便成为收纳重点。毫无章法地乱塞一通，会无法取出收在深处的物品，一定要特别注意。善用壁橱专用的收纳柜或收纳箱区隔空间，就能充分运用深度与高度。购买收纳用品时，最重要的就是尺寸。壁橱的标准尺寸包括京间[1]、中京间[2]与3公团尺寸[3]，请务必精准测量尺寸，找出最适合的产品。

最难取用物品的天袋适合收纳过季运动服、节庆用品和行李箱等较少使用的物品。

壁橱的防潮对策

通风
直接拿电风扇吹是最有效的通风方式。可定期通风，消除湿气。

使用除湿剂
棉被下方使用片状除湿剂，并在收纳箱的缝隙间使用除湿盒。请务必定期更换。

铺上延伸板
延伸板可以隔开物品与墙面，增加透气性。不只是底层，左右与后方都铺上，防潮效果会更好。

※1：广泛运用于以京都为中心的关西地区，是建筑界的尺寸规格之一。1间＝6尺5寸（曲尺单位，约197cm），亦指6尺3寸 ×3尺1寸5分（191cm×95.5cm）的榻榻米。
※2：普及于名古屋地区的住宅建筑尺寸规格。1间＝6尺2寸（188cm）或宽3尺（91cm）、长6尺（182cm）的榻榻米尺寸。
※3：运用于日本国民住宅的尺寸规格，指2尺8寸 ×5尺6寸（85cm×170cm）的榻榻米尺寸。

Point 2

将空间分成 5 大类

将空间分成上层前后方、下层前后方及天袋等 5 大空间，就能轻松规划物品的收纳位置。基本上，重物放在下层，常用物品收在前方。

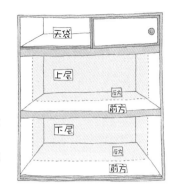

Point 1

下层用滑轮收纳柜

放在下层的收纳用品选用滑轮收纳柜，不费力气就能拉出，收在深处的物品能轻松取用，也十分方便整理。

Point 3

分左右两边收纳

由于壁橱的门板是拉门，收纳时要避免物品超过中线。将内部空间分成左右两边，只开单边门就能取用物品。

拆掉拉门以充分运用宽度

拆掉拉门改装窗帘，就能完整地使用整个空间，不仅能轻松拿出棉被与家电等大型物品，也降低了整理收纳的难度。

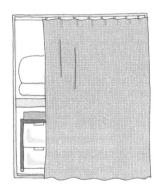

善用墙面成为吊挂收纳区

由于壁橱内部很宽敞，因此墙面也能用来收纳。装上贯穿前后的伸缩杆，再利用格子板或网架，以 S 形挂钩收纳小东西。

善用死角的收纳点子
只要一个步骤就能
有效运用隔板下方的空间

在隔板下方安装伸缩杆，挂上 S 形挂钩与网架，就能变出新的空间来收纳毛巾等轻薄物品。

壁橱规划 ● 1

前方放收纳柜，后方放季节家电

在二格柜里放置电熨斗、清洁剂、急救箱与裁缝用具，季节家电收在后方。

壁橱尺寸 W78cm × D89cm × H90cm

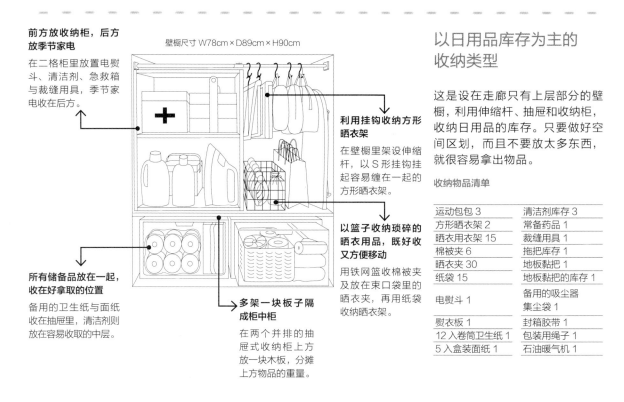

利用挂钩收纳方形晒衣架

在壁橱里架设伸缩杆，以S形挂钩挂起容易缠在一起的方形晒衣架。

以篮子收纳琐碎的晒衣用品，既好收又方便移动

用铁网篮收棉被夹及放在束口袋里的晒衣夹，再用纸袋收纳晒衣架。

所有储备品放在一起，收在好拿取的位置

备用的卫生纸与面纸收在抽屉里，清洁剂则放在容易收取的中层。

多架一块板子隔成柜中柜

在两个并排的抽屉式收纳柜上方放一块木板，分摊上方物品的重量。

以日用品库存为主的收纳类型

这是设在走廊只有上层部分的壁橱，利用伸缩杆、抽屉和收纳柜，收纳日用品的库存。只要做好空间区划，而且不要放太多东西，就很容易拿出物品。

收纳物品清单

运动包包 3	清洁剂库存 3
方形晒衣架 2	常备药品 1
晒衣用衣架 15	裁缝用具 1
棉被夹 6	拖把库存 1
晒衣夹 30	地板黏把 1
纸袋 15	地板黏把的库存 1
电熨斗 1	备用的吸尘器集尘袋 1
熨衣板 1	封箱胶带 1
12 入卷筒卫生纸 1	包装用绳子 1
5 入盒装面纸 1	石油暖气机 1

壁橱规划 ● 2

易损伤的包包挂起来，还可节省空间

用衣橱专用包包收纳袋保存包包，还能避免弄脏或受损，一举两得。

叠放衬衫时要垫一张厚纸

叠放衬衫时，领口要相互错开。在厚纸上粘一条缎带，夹在上下两件衬衫之间，就能轻松取出衬衫。

以篮子区隔抽屉空间

配合抽屉高度放入两层浅篮，就能收纳袜子与内衣等小型衣物。

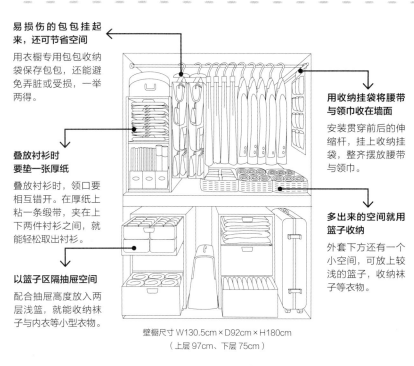

用收纳挂袋将腰带与领巾收在墙面

安装贯穿前后的伸缩杆，挂上收纳挂袋，整齐摆放腰带与领巾。

多出来的空间就用篮子收纳

外套下方还有一个小空间，可放上较浅的篮子，收纳袜子等衣物。

壁橱尺寸 W130.5cm × D92cm × H180cm
（上层 97cm、下层 75cm）

收纳大量衣物与配件等夫妻用品

由于夫妻两人的衣服相当多，因此在上层安装伸缩杆，以吊挂为主要收纳方法，并在下层装入滑轮抽屉，收纳不会皱的衣物。

收纳物品清单

夹克 5	饰品类 15
衬衫 12	毕业证书 2
裙子 6	杂志・宣传手册 15
裤子 8	内衣 40
牛仔裤 10	袜子 25
包包 10	滑雪服及手套 2
T恤 30	手帕 15
棉质上衣 13	帽子 3
针织类 10	电热毯 1
运动裤・连帽外套 5	行李箱 1
领巾 5	缝纫机 1
腰带 8	

壁橱规划 ● 3

壁橱尺寸 W180cm × D90cm × H180cm
（上层 90cm、下层 70cm）

增加前方物品的移动性，就能轻易拿出后方的物品

前方收纳每天穿着的衣服，后方保存底片等少用的物品。

大衣和夹克要收在纸箱里

太长以致无法吊挂收纳的大衣，可折好放入箱里堆叠收纳，即可避免变形。

巧妙使用隔板下方的死角空间

将不高的多格压克力收纳盒放在抽屉式收纳柜上，让所有饰品都有自己的家。

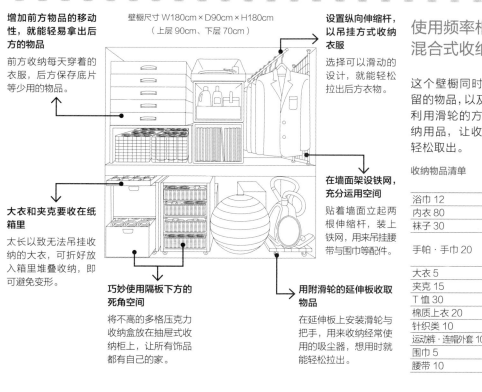

设置纵向伸缩杆，以吊挂方式收纳衣服

选择可以滑动的设计，就能轻松拉出后方衣物。

在墙面架设铁网，充分运用空间

贴着墙面立起两根伸缩杆，装上铁网，用来吊挂腰带与围巾等配件。

用附滑轮的延伸板收取物品

在延伸板上安装滑轮与把手，用来收纳经常使用的吸尘器，想用时就能轻松拉出。

使用频率相差极大的混合式收纳空间

这个壁橱同时收纳相簿等长期保留的物品，以及平常穿着的衣物。利用滑轮的方便性打造移动式收纳用品，让收在深处的物品也能轻松取出。

收纳物品清单

浴巾 12	饰品类 15
内衣 80	唱片 50
袜子 30	清洁剂·常备药品 10
手帕·手巾 20	收在纸箱的底片、照片 4
大衣 5	旅行箱（大小）2
夹克 15	布质旅行箱（大小）2
T恤 30	黑胶唱片机 1
棉质上衣 20	混音器 1
针织类 10	运动用的抗力球 1
运动裤·连帽外套 10	吸尘器 1
围巾 5	电风扇 1
腰带 10	

壁橱规划 ● 4

壁橱尺寸 W295cm × D80cm × H180cm
（上层 100cm、下层 70cm）、
天袋（W295cm × D80cm × H50cm）

在宽敞的壁橱中放入独立的吊杆柜

因橱壁太宽无法用伸缩杆，可放入独立的吊杆柜，收纳大人的衣物。

家居服全部收在一起，好拿又好收

将全家人的睡衣收在无盖收纳篮里，放在壁橱前方，要穿时可随时拿出来。

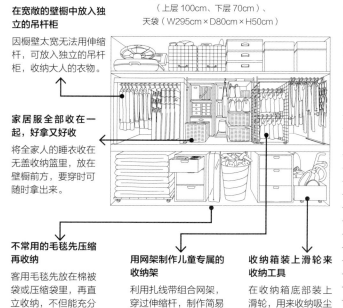

不常用的毛毯先压缩再收纳

客用毛毯先放在棉被袋或压缩袋里，再直立收纳，不但能充分运用缝隙，还可防尘。

用网架制作儿童专属的收纳架

利用扎线带组合网架，穿过伸缩杆，制作简易收纳架。

收纳箱装上滑轮来收纳工具

在收纳箱底部装上滑轮，用来收纳吸尘器与电熨斗。

巧妙区隔空间的大容量壁橱

这个壁橱的容量相当大，可以收纳小孩的衣物、玩具、棉被与吸尘器等各种物品。善用吊挂袋与桶子，将空间划分成好几区。

收纳物品清单

大衣 9	浴衣 2	行李箱（中）1
夹克 7	和服 1	手提袋 1
束腰外套 3	和服腰带 1	旅行包 2
连身洋装 15	帽子 6	包包 17
针织衫 30	围巾·领巾 15	化妆包·束口包 10
衬衫 36	客用棉被 4	裁缝工具
T恤 20	毛毯 2	电熨斗
开襟外套 15	毛巾毯 2	熨衣板 1
细肩带背心 20	垫被被套 2	指甲油 20
裙子 20	床包 2	美妆用品
裤子 8	床罩 2	纸袋 20
家居服 3	浴巾 6	全套打扫用具
牛仔裤 3	洗脸毛巾 10	吸尘器 1
内搭裤 5	抱枕套 4	常备药品
内衣 30	布块（110×250cm）3	玩具箱 2
袜子 20	手帕类 25	小孩的衣服 30
紧身裤 20	项链 15	装箱的照片 1
泳装 3	耳环 10	相簿 4
滑雪服 1	胸针·胸花 18	电风扇 1

提升壁橱与衣橱
收纳性的实用商品

衣橱与壁橱是居家收纳最具代表性的空间，虽然可以收纳许多物品，但是否能充分运用则要视个人巧思。以下将介绍各种聪明收纳的实用商品。

高低交错的衣架节省收纳空间

在吊杆上放双层衣架杆，错开前后衣服的肩膀位置，就能增加一半的收纳量！可以调整宽度。收纳大师衣架杆E（B）（W86.5～120cm×D4.6cm×H11.5cm）／ mutow

配件分类收纳，
完全不占空间

结合隔层袋与腰带架设计，相当实用。不用时只要拉上拉链，就十分轻薄。衣橱收纳袋（W11.5cm×D45.5cm×H88cm）／ a-1

衣橱

衣橱的收纳重点，就是要善用吊挂收纳，不只能收纳衣服，连难以整理的配件也能收拾得整整齐齐。由于衣服配件是每天都会穿戴的物品，因此也要注重实用性。

包包也挂起来，让空间干净利落

内部分成五格，还能调整每一格的高度。密封式设计可以防尘，十分方便。包包用挂式收纳袋（约W30cm×D35cm×H75cm）／ Craft

可收纳多件的裤裙架

可节省裤子与裙子的收纳空间，三段式设计可省1/3的空间。裙子用三段式铝制衣架（W35cm×D3cm×H38.5cm）／无印良品

衣橱专用衣物箱

结合抽屉与瓦楞纸箱的实用商品，因有足够的深度，可收纳大量衣物。深型衣橱专用衣物箱（约W39cm×D45cm×H25cm）／ Craft

可吊挂领带，方便收取

多件式配件架可收纳领带、领巾与腰带，不只一目了然，收取也很方便。白色领带架（W14.5cm×D1cm×H31.7cm）／ TIGERCROWN

大容量伸缩衣架

可调整高度与宽度，滑轮也能拆下。附 4 个挂钩，可收纳各种配件。伸缩衣架低款式·宽版（W100cm ~ 160cm×D47cm×H35cm ~ 89cm）／ dinos

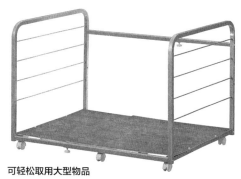

可轻松取用大型物品

这款推车可轻易收纳棉被与家电等大型物品，放在壁橱下层，轻轻一拉就能拿出所有物品，十分便利。伸缩式壁橱推车（W80cm ~ 105cm×D72cm×H64.5cm）／ dinos

滑轮设计方便拉出

这款深度较深的抽屉柜最适合放在壁橱下层，可清楚看见内容物的透明柜体也是重点所在。EMING 长版三层柜（W40cm×D68cm×H68cm）／涩谷 Loft

壁橱

壁橱是收纳棉被、衣物、打扫用具的空间，只要依照物品特性选择收纳商品，就能解决放在里面的物品拿不出来或衣物没处挂的烦恼。

善用附箱压缩袋，整洁又美观

将占空间的棉被压缩收纳，附收纳箱的设计方便重叠，看起来也很整齐。阀门式棉被压缩袋（W45cm×D70cm×H35cm）／涩谷 Loft

连下层深处空间都能利用的滑轮柜

直放时刚好能收进壁橱里，最适合用来收纳书籍与玩具。DIY 环保收纳柜／米色（附轮）（W77.5cm×D29cm×H66.5cm）／无印良品

最适合收纳扫除用具的滑轮柜

将吸尘器、电熨斗等打扫用具全收在一起，较重的器具也能轻易取出。扫除用具滑轮柜（W44cm×D74cm×H65cm）／ Belle Maison

看起来干净整洁的重叠收纳

高度够的空间最适合使用可以叠放的收纳篮。可重叠式藤篮/长方盒·小（W18cm×D26cm×H12cm）、大（W18cm×D26cm×H16cm）／无印良品

密闭式设计可安心保存衣物

保存过季衣物时，放入防虫剂也无须担心影响效果，且可叠放。ROX收纳箱·660L（W44cm×D66cm×H32cm）、440L（W30cm×D44cm×H32cm）／天马

用途广泛的便利箱

不用时可以拆开摊平的纸箱，大小刚好可以直立收纳A4尺寸的杂志。整理箱（约W33cm×D43cm×H26cm）／Craft

壁橱与衣橱
两用的商品

有时候从不同角度选择收纳用品，也能发挥出色创意，不受限于使用的场所，用途相当广泛。

最适合整理小东西的抽屉

内部有隔层，可分类收纳饰品与文具。以耐用轻盈的材质制成，可整个拿到需要的地方使用。四抽硬纸箱（W36cm×D25.5cm×H16cm）／无印良品

**衣橱也能使用的
附轮推车**

不只能收纳包包，用途相当广泛的收纳家具。SUS钢制推车组（含额外侧片、推车框架两个、层板三片、轮子及交叉杆，W65cm×D43cm×H70cm）／无印良品

**不用时可摊平收纳的
网状收纳箱**

想要暂时存放物品时最好用。siunaf MAGIC BAG XL（W40.6cm×D40.6cm×H40.6cm）／涩谷Loft

Part 4

维持『整洁』的5大方法

请勾选符合自身情况的选项

在烦恼"总是整理不完""无法维持整洁"之前，
请先探究原因，找出最适合自己的整理方法。

① 只要东西还能用就不会丢掉。 ☐

② 只要有人会送新品，就会把家具和家电全部丢掉。 ☐

③ 热衷从事个人兴趣。 ☐

④ 觉得现在住的房子收纳空间不足。 ☐

⑤ 环顾四周会发现，两天以前用的东西还摆在外面没有收起来。 ☐

⑥ 曾经有过丢掉东西后却后悔的经验。 ☐

⑦ 衣橱永远处于塞满的状态。 ☐

⑧ 发现东西脏了不会立刻处理，而是告诉自己"待会儿再洗"。 ☐

⑨ 打扫工具随意摆放，没有经过深思熟虑。 ☐

⑩ 很久以前看医生拿的药还摆在家里。 ☐

⑪ 没有特别喜欢的家具与家饰小物。 ☐

⑫ 晒干的衣服先放在一边，不会立刻折好。 ☐

⑬ 不清楚收纳柜深处放了什么东西。 ☐

⑭ 选购物品的基准是"可爱"，而非"实用性"。 ☐

⑮ 明知"应该要整理"，但真正去做要花一段时间。 ☐

⑯ 不曾自行改造收纳空间，或购买方便实用的收纳用品。 ☐

⑰ 认为打扫工作一次解决比较有效率。 ☐

⑱ 虽然没那么想要，但一听到"赠品""限量商品"就无法抗拒。 ☐

⑲ 逼不得已而整理的房间，与平时的房间相比较，落差相当大。 ☐

⑳ 每天总是忙碌不堪，完全没有空闲时间整理。 ☐

计分方式

对照右边的表格，依照A～F计算勾选选项的总分。总分最高者即为你的类型，有两个以上的类型同分时，代表你同时具备多项特质。

	①	②	③	④	⑤	⑥	⑦	⑧	⑨	⑩	⑪	⑫	⑬	⑭	⑮	⑯	⑰	⑱	⑲	⑳	合计
A		2		1			2										1		1	2	
B			1	2				2					1			2		1			
C					2				2	2		2			1						
D					2			2						1		1	1		2		
E	2					2	1				1	2						1			
F		2												2	1	1	2		1		

举例说明

假设勾选选项为①、⑤、⑨、⑫、⑮，圈起右方各列的分数后，再依照各行加总分数，结果显示得分最高为"C"，代表"C"就是你所属的类型。

	①	②	③	④	⑤	⑥	⑦	⑧	⑨	⑩	⑪	⑫	⑬	⑭	⑮	⑯	⑰	⑱	⑲	⑳	合计
A		2		①1			2										①1		1	2	2
B			1	2				2					1			2	①1	1			1
C					②2				②2	2		②2			①1						7
D					②2			2						1		1	①1		2		4
E	②2					2	1				1	②2						①1			4
F		2												2	①1	1	2		1		1

114

A 没时间

即使每天只有几分钟也好，请务必养成整理的习惯

你认为自己忙到没时间打扫或整理家里，不妨停下来思考一下：一天挤出 5 分钟、10 分钟来打扫，真的做不到吗？既然你有能力管理忙碌的行程，做好自己的工作，只要将这个能力运用在打扫整理上，绝对可以让你的家焕然一新！

B 没有收纳空间

减少物品，构思最有效率的收纳方法

房子太小、东西太多，当然容易脏乱，事实或许真是如此，但你真的愿意一直住在杂乱无章的房子里吗？首先你该做的就是重新筛选手边现有的物品，接着就是提升收纳空间的使用效率。不要放过高处与角落，充分运用每一处死角。

C 个性邋遢

审视收纳场所，找出轻松收纳的方法

人类天生的本能就是趋乐避苦，最好能从生活习惯下手，慢慢治疗过度安于本能的"公主病"。第一步就从整理周遭的环境开始吧！将物品收在使用场所，打扫工具也放在方便使用的地方。

D 不想整理

邀请朋友来家里，强迫自己打扫整理

由于你一直认为"必要时我能将家里打扫干净"，便在不知不觉中偷懒起来，反而让家里杂乱不堪。不妨定期邀请朋友来家里玩，强迫自己打扫整理。维持整洁的玄关，打扫访客看得到的地方，享受一尘不染的居家环境，也能提升自己打扫的干劲。

E 无法丢东西

购买前先想好要放哪里以及要处理哪样旧东西

请记住，大多数你认为"还用得到"的物品，其实后来都没用到。你要做的就是只留下怎么也丢不掉的心爱物品，充分运用收纳空间。此外，训练自己养成习惯，购买前先想好要丢掉哪一样旧东西，并确认要放在哪里。

F 不喜欢自己的家

只留下心爱物品，打造乐于收纳的环境

总而言之，你不够爱自己的家。只要你住在自己喜欢的地方，一定会想打扫或整理，每天自得其乐。就算只是小小的置物架或毛巾，也要买自己觉得可爱的单品。看起来没那么美观的物品就利用隐藏收纳，维持高雅的生活空间。

2 养成购物前思考的习惯

不要被『拍卖』这个词耍得团团转

购买特价品时，一定要确实考虑有没有机会用到，以及要收在哪里。

想维持环境的整洁，就要避免增加物品，这一点相当重要。此外，购物前一定要先想好是否真的需要，养成好习惯就能少花冤枉钱。

此外，还要特别注意特价品。通常人都会因为"便宜"而忍不住购买，有时很容易基于一股冲动买了一堆"没那么需要的物品"，因此结账前请务必审慎思考。还有另一个要特别小心的陷阱就是生活用品的库存。买太多库存只会占空间，没有任何好处。从现在起，购物前一定要再三考虑，确认自己是否真的需要买那么多物品。

别掉入『反正不用钱』的陷阱，不要拿用不到的东西！

饭店准备的洗发水、护发素，便利商店给的免洗筷，便当附赠的酱汁或蘸酱等等，很多人会因为"免费"而在家里囤积这类东西。能用的东西就不要浪费，节俭的美德真的很令人感动，问题是东西带回家后是否真的会用到。要是带回家完全没用，全部堆在一边，就一点意义也没有，最好能趁早丢弃。若是觉得拿回来不用很可惜，就好好使用；不需要的东西一开始就不要带回家，这才是最聪明的做法。如果一定要带回家，请务必设定库存上限，将不需要的物品数量降至最低。

检视家中的免费物品

- 纸袋、塑料袋、透明包装袋
- 免洗筷、塑胶汤匙
- 纳豆或鳗鱼酱汁
- 小包装芥末或山葵
- 礼品、纪念品、赠品类
- 饮料瓶、零食赠品
- 化妆品或洗发水试用品
- 饭店备品
- 随身面纸
- 免费杂志
- 店家或商品目录
- 集点卡或贴纸

买了新东西就要处分旧东西，否则家中物品会越来越多。

先想好收纳位置再购买

你在买新东西时，会先想好买回家后要放在哪里吗？如果想不出来，就请先停止购买。通常家里东西越来越多，收纳空间总是不够的人，都是在没有考虑清楚的状况下，就把东西买回家了。

这种做法只会让家里的空间越来越狭窄而已。家里若是没有多余的收纳空间，也可以换个想法，决定好要丢掉哪一样旧东西，再购买新东西。如果你不是"真的很想要"某样东西，请勿购买。想维持整洁清爽的居家环境，就要尽一切努力，避免增加家中物品。

想象自己丢东西的画面

在想象收纳场所的同时，也请想象一下自己丢东西的画面。通常一样东西你会用多久？用到什么状态时会丢掉？而且，你会用什么方法处理手边的物品？

现代社会越来越注重垃圾分类，分类方式也越来越严格，处理垃圾要花比过去更多的时间与心力。丢弃某些家电时，可能还要支付回收费用，因此购买前一定要先想好处理时机与方法，再决定要不要购买。如果你不想买一个"事后处理很麻烦的物品"，那就代表你不是那么需要该项东西。只要多花一点心思，就能减少不必要的花费。

家电回收与丢弃的方法

家电类属于废电子电器，电脑及其周边配件则属于废信息物品。

废电子电器可于购买新机时，将同品项数量的旧机交由贩卖业者免费搬、载运回收，或是电话洽询清洁队，约定时间、地点后，由清洁队免费前往清运。

废信息物品可送至各回收机构回收，或于当地资源回收日交由资源回收车进行回收。

先想想是否已拥有类似的商品

容易冲动消费的人最常发生的问题，就是"不小心又买了同一款东西"。只要看到自己喜欢的物品就忍不住购买，于是又买了类似的商品。如果是"想要买齐相同设计的物品"，那是另外一回事，但如果你是买了之后后悔"又买了同一款东西"，就必须改善自己的购买行为。平时就要充分掌握自己拥有哪些东西，购物时一定要先问自己："我是不是已经有了跟这个很类似的物品？"为了避免重复消费，请务必定期检视自己的所有物。

如果你有好几件相同颜色与图案的衣服，却没有机会穿，就算是你很喜欢的设计，也只是浪费衣橱空间而已。

列出库存清单，避免不必要的消费行为

	物品名称	库存数量
生活用品	卫生纸	
	面纸	
	厨房纸巾	
	厨房清洁剂	
	浴室清洁剂	
	厕所清洁剂	
	保鲜膜	
	香皂	
	洗手乳	
	洗发水、护发素	
食品	酱油	
	醋	
	料理酒	
	砂糖	
	盐	
	色拉油	
	干燥食品	
	干燥意大利面	
	瓶装食品	
	罐头	
	冷冻食品	

采购前确认库存数量

明明家里已经有了，却还是不小心多买的日用品与食品，或是同一本杂志买了两本，这是一般人最常犯的购物问题。避免重复购买的最大原则，就是采购前一定要检查库存品收纳处与冰箱内部。就从养成这个习惯开始做起吧！

话说回来，若是家中没有固定的收纳场所，或是冰箱内部杂乱不堪，就不容易确认库存数量，检查起来也很麻烦。想改正自己重复购买的浪费行为，就要改善收纳环境，让家中保持在可以随时确认库存的整洁状态。

买衣服前一定要确认的 15 件事

□是否已有相同颜色、设计或图案的单品？

□新品与手边现有的衣服、鞋子或包包搭配吗？

□所有纽扣是否都能扣上？

□可以轻松蹲下吗？

□手臂是否能活动自如？

□肩线是否合身？

□照镜子确认背面的模样。

□裤长与鞋子的比例是否契合？

□穿起来舒适吗？

□可以在家洗涤吗？

□需要熨烫吗？

□是否容易变皱？

□是否有地方收纳？

□是否有机会穿？

□衣服是否有瑕疵？（有无脱线等）

再次确认尺寸的正确性，以及自己是否真的喜欢

各位是否有过这样的经验：因为喜欢颜色造型而购入的家具，却发现尺寸不合？这是名副其实的浪费购物行为。无论购买什么物品，一定要事先确认尺寸是否正确。

衣服和鞋子也是同样的道理。一定要试穿，确认尺寸正确才买，这一点相当重要。此外，也要注意设计风格。有些人会因为店员的推荐而购买，回家仔细一看，才发现自己根本不喜欢，后来连一次也没穿过，真的是得不偿失。除此之外，还要注意保养方法。是否可以不用送洗，在家就能洗涤与保养？确认得越仔细，越能帮助自己冷静思考，自己是否真正需要这项单品。

想象要买的物品是否真的好用

充分发挥现有物品的功能，就能轻松实现"少物生活"，让家中物品的数量维持在最低限度。以餐具来举例，许多人会依菜系使用适合的餐具，不过若能以同一个餐具装盛各式料理，不管是甜点、汤品或炖菜，全都使用同一个碗来装，就能让你的生活更加方便。另一方面，购买衣服或是鞋子与包包等配件时，如果能选购设计简单的百搭单品，不仅能节省空间，也能变化出各种不同的造型。

话说回来，如果每次都穿同一件衣服，用同一款物品，会让人觉得生活乏味。为了避免这个问题，请务必先确认家中哪些地方收纳了哪些物品，区分出万用单品与特殊单品，巧妙分配两者的比例，就能让生活充满变化。

设计简单的餐具可以搭配西式、中式或日本料理，用途相当广泛。此外，还要事先确认在家最常使用的物品尺寸。

3 养成随手整理的习惯

彻底执行「物归原位」，避免打回原形

如果你常常一回神就发现家中凌乱不堪，请务必回想一下，你是否经常东西拿出来就没放回去？认为"放一下没关系"？这样的你，就先从改变这个坏习惯开始做起。重点在于"物归原位"——当天拿出来用的东西，用完立刻放回原位。一个小动作就能避免打回原形，轻松维持整理好之后的整洁环境。

在凌乱程度开始失控前，每天挤出空当稍微整理一下，学会"随手整理"。刚开始你可能会觉得麻烦，但每天整理一点绝对比大扫除来得轻松，因此请务必彻底执行"物归原位"的好习惯。

严禁「待会儿再收」！养成当场收纳的好习惯

许多人虽然有心整理，却常常会想"待会儿再收"，最后等到天荒地老都还没收拾。我能理解想要"待会儿再收"的心情，但这句话就是让你的家中凌乱不堪的元凶。讨厌整理的人老是将"待会儿再收"挂在嘴边，请务必改掉这个心态，才能养成"物归原位"的好习惯。所有物品只要一用完就收回原位，一个不经意的动作就能维持整洁的环境。在方便整理的地方保留足够的收纳空间，就能帮助居住者养成顺手"收纳"的习惯，如此东西用完后，自然就会收回原位。

成为整理高手的 5 大原则：

① 随时记住"用完就收"

② 提早 10 分钟出门

③ 床铺与桌上完全不放东西

④ 买回家的东西立刻收纳

⑤ 回家后不要马上坐下

善用时间，拥抱清爽利落的生活！

超级实用的日常生活"5分钟"空当

- 起床后
- 洗衣时
- 出门前
- 回家后
- 看电视时
- 广告时间或是想看的节目开始之前
- 等水煮滚的时候
- 浴缸里的水放满前
- 睡前

聪明运用零碎的时间

"虽然只有5分钟，却能改变你的人生"

"随手整理"只需短短的5分钟。无论一整天的生活有多忙碌，每个人一定都能挤出5分钟的空当，千万不要以为"5分钟根本无法整理"，这是错误的想法！大扫除确实需要很多时间，但如果只是将"用完的东西收回原位"，根本花不了一分钟。绑紧吃到一半的零食袋口并放回原位；将散落在玄关的鞋子收进鞋柜里，你要做的只是像这样的"举手之劳"而已。只要每天花5分钟"物归原位"，就能大幅减少散乱在家里的物品数量。

事实上，每个人每天都有许多没有察觉到的"5分钟"空当，与其浪费珍贵的假日整理家里，不如每天花5分钟"随手整理"，完全不费任何力气。不妨回顾自己一整天的行程，巧妙运用原本就存在的"5分钟"空当吧！

5 分钟内就能
完成的随手整理
的好习惯

整理电脑里没用的资料夹

收拾乱放的报纸与杂志

将遥控器放回收纳盒里

整理放在桌上的文具

检查信件时效

检查孩子的功课

整理钱包里的收据、发票

收好光盘碟片

检查冰箱食物的保存期限

将沥水篮里的餐具收回餐具柜里

将桌上的餐具放到水槽里

就算只有一点点，也要折起来

将随手摆放的包包收回固定位置

将脱下来的衣服挂回衣橱

丢掉旧袜子与裤袜

将用完的化妆品收回原位

将放在玄关的鞋子收进鞋柜

4 制订整理行程表

制订整理行程表，定期检查收纳物品

定期确认家里是否囤积了不用的物品，才能随时维持整洁清爽的居家环境。

第一步就是以一天、一周、一个月、半年与一年为周期，制订自己的整理行程表。两次整理的间隔时间越短，越能减轻每次整理的负担。

不同周期的整理内容也会不一样，因此一定要配合自己的生活形态，规划轻松自在、慢慢整理的适当进度。

壁橱与储藏室等大型收纳场所，很容易一放好东西后就再也没整理。请务必定期整理，丢掉不要的物品。

刻意安排活动，强迫自己整理

不擅长规划进度的人，不妨刻意安排活动，强迫自己不得不整理，也是一个好方法。例如报名参加跳蚤市场，强迫自己"在那天之前一定要整理出不要的东西"，或是邀请朋友来家里玩，因此"一定要在那天之前整理玄关与客厅"。只要"每个月邀请朋友来家里玩一次"，自然就会勤于整理。让自己多处于整洁的环境里，就能提高自己想要维持整洁环境的意愿，更加乐于打扫。

设立期限后，就能清楚地知道自己该整理何处以及该处理的物品，轻松预估整理规模。

各周期整理行程表范例

一天	"每天5分钟"的整理工作不要拖延到隔天	●整理当天用完的物品。 ●整理当天收到的信件。 ●将买回来的物品收到固定位置。 ●衣服与鞋子先消除味道与湿气，隔天再收。 ●检查电子邮件。
一周	收拾来不及整理的物品清点库存品数量	●收纳没整理完的衣物与鞋子。 ●确认食品库存与冰箱内食物的保存期限。 ●清点清洁剂与卫生纸的库存量。 ●剪下报纸与杂志的重点报道，制作剪报簿。 ●处理付款事宜时，确认是否需要准备相关文件。
一个月	确认家中是否囤积了不需要的物品	●配合气温变化更换衣橱里的衣物。 ●处理不穿的衣服与不要的日用品。 ●确认冷冻食品的库存量与有效期限。 ●回收看完的报纸。 ●分类需要与不需要的杂志。 ●确认并整理薪资明细与信用卡账单。
半年	检查消费期限更换过季衣物	●更换夏季与冬季衣物，替换新的寝具用品。 ●晒访客棉被，重新收纳。 ●拿出之前不知该不该留的物品，重新检视是否需要。 ●确认调味料、保存食品与美妆用品的保存期限和目前状态。 ●确认免费服务券与集点卡的期限。 ●整理试用品，丢掉没用的东西。
一年	分类要与不要的物品丢掉不要的东西	●将不穿的衣服和日用品分成"要"与"不要"两大类。 ●回收不看的书与杂志。 ●检查壁橱与吊柜里没用到的物品。 ●确认免洗筷等库存数量是否太多。 ●重新检查浴巾与寝具的使用状态。 ●确认应急避难袋中的水与食品的保存期限。

5 维护收纳的场所

分区清理冰箱内部

维持居家整洁有助于提升收纳场所的便利性，尤其是使用频率相当高的冰箱，更要勤加打扫。

打扫冰箱的内部时，建议分区清理，例如内部层板、门边收纳区以及蔬菜冷藏室等，一次只打扫一个区块。每次整理一点，慢慢清扫，即使做到一半必须暂停，也不会弄乱周遭的环境。冰箱内部出现脏污时要立刻擦掉，不过用湿抹布擦很容易孳生细菌，建议以干净的干抹布或纸巾蘸取消毒酒精擦拭即可。若有时间，最好拆下整个层板，以温水充分洗净。

趁好天气清理、保养壁橱与鞋柜

若是长期不清理壁橱与鞋柜，后续保养就会更麻烦。建议每半年到一年清理壁橱，每1～3个月清理鞋柜。由于这两处地方很容易蓄积湿气，因此一定要选晴天时进行清理。将里面的物品全部拿出来，清除灰尘与沙子等脏污后，再用湿抹布擦拭。等内部空间完全干透后，再将物品放回去。如果当天湿度较高，可用电风扇加快干燥的速度。收纳物品若是发霉，请务必丢掉或以正确的方式彻底除霉。

清理的重点

冰箱
- 取出所有食材，拿抹布或纸巾蘸取消毒酒精，擦拭冰箱里的脏污。
- 有时间时，拆下层板等配件，以温水稀释中性清洁剂充分清洗后，风干即可。
- 清除冰箱下方与后方的灰尘。
- 以湿抹布擦拭门板四周的橡胶密封条。

壁橱·鞋柜
- 趁着天气好的时候打扫。
- 拿出所有物品，清除灰尘与沙子，再用湿抹布擦拭干净。
- 如果层板可以拆卸，就全部拆下彻底去除脏污。
- 如果物品发霉就丢掉，或是除霉后再收纳。
- 做好除湿对策。
- 用湿抹布擦拭门板和把手。

收纳的天敌！防霉对策3步骤

①处分发霉的物品
已经发霉的物品一定要立刻丢掉。真的舍不得丢，就以正确的方式彻底除霉。不过，发霉的鞋子若是直接用水洗，反而会促进霉菌的滋生，一定要避免。

②根除霉菌的方法
由于霉菌有菌根，因此一定要深入杀菌。使用去霉剂或消毒酒精时，可静置一段时间再擦拭。擦完的脏布请务必丢掉。

③去除湿气
最基本的防霉对策就是通风。可利用电风扇强制通风，或勤于更换除湿剂，才能避免壁橱蓄积湿气。

收纳全书

[日] 文化出版局 著

游韵馨 译

图书在版编目（CIP）数据

收纳全书 / 日本文化出版局著；游韵馨译 . – 北京：
北京联合出版公司，2015.9（2017.10 重印）
ISBN 978-7-5502-5766-5

Ⅰ.①收… Ⅱ.①日… ②游… Ⅲ.①家庭生活－基本知识 Ⅳ.① TS976.3

中国版本图书馆 CIP 数据核字 (2015) 第 167943 号

SHUNO NO KIHON TO SHUKAN 333 –
NIGATE WO TOKUI NI SURU IDEA

by EDUCATIONAL FOUNDATION BUNKA
GAKUEN BUNKA PUBLISHING BUREAU

Copyright © 2008 by EDUCATIONAL
FOUNDATION BUNKA GAKUEN BUNKA
PUBLISHING BUREAU
First published in Japan in 2008 by
EDUCATIONAL FOUNDATION BUNKA
GAKUEN BUNKA PUBLISHING

BUREAU, Tokyo
Simplified Chinese translation rights arranged
with EDUCATIONAL FOUNDATION BUNKA GAKUEN
BUNKA
PUBLISHING BUREAU, Tokyo
through Japan Foreign-Rights Centre/ Bardon-
Chinese Media Agency
Simplified Chinese edition copyright © 2015
United Sky (Beijing) New Media Co., Ltd.
All rights reserved.

北京市版权局著作权合同登记 图字：01-2015-4322

策　　划	联合天际
责任编辑	李 伟 刘 凯
特约编辑	李若杨
美术编辑	王颖会
封面设计	百色书香

发 行 者	大沼 淳
编辑制作	FG 武藏 /FG MUSASHI Co.,Ltd

出　　版	北京联合出版公司
	北京市西城区德外大街 83 号楼 9 层 100088
发　　行	北京联合天畅发行公司
印　　刷	小森印刷（北京）有限公司
经　　销	新华书店
字　　数	100 千字
开　　本	787 毫米 × 1092 毫米 1/16 8 印张
版　　次	2015 年 11 月第 1 版 　 2017 年 10 月第 16 次印刷
I S B N	978-7-5502-5766-5
定　　价	68.00 元

关注未读好书

未读 CLUB
会员服务平台